现代果树简约栽培技术丛书

现代葡萄简约栽培技术

主　编　史江莉

副主编　叶　霞　李志谦　焦　健

黄河水利出版社
·郑州·

图书在版编目（CIP）数据

现代葡萄简约栽培技术/史江莉主编. —郑州：黄河水利出版社,2018.10

（现代果树简约栽培技术丛书）

ISBN 978 - 7 - 5509 - 2190 - 0

Ⅰ.①现…　Ⅱ.①史…　Ⅲ.①葡萄栽培　Ⅳ.①S663.1

中国版本图书馆 CIP 数据核字(2018)第 244775 号

组稿编辑：岳晓娟　电话:0371 - 66020903　E-mail:2250150882@qq.com

出 版 社:黄河水利出版社
　　　　　地址:河南省郑州市顺河路黄委会综合楼14层　邮政编码:450003
发行单位:黄河水利出版社
发行部电话:0371 - 66026940、66020550、66028024、66022620(传真)
　　　　　E-mail:hhslcbs@126.com
承印单位:永清县晔盛亚胶印有限公司
开本:890 mm × 1 240 mm　1/32
印张:4.5
字数:133 千字　　　　　　　　　　　插页:4 页
版次:2018 年 10 月第 1 版　　　　　印次:2020 年 9 月第 2 次印刷

定价:25.00 元

现代果树简约栽培技术丛书

主 编 冯建灿 郑先波

《现代葡萄简约栽培技术》编委会

主 编 史江莉
副主编 叶 霞 李志谦 焦 健
参编人员 王 磊 张惠梅 李 明 李 静

现代果树简约栽培技术丛书由河南省重大科技专项（151100110900）、河南省现代农业产业技术体系建设专项（S2014－11－G02,Z2018－11－03）资助出版。

前　言

　　葡萄是世界水果中种植面积最大、产量最高的果树之一。在我国,葡萄是重要的落叶果树之一,由于适应性强、结果早、收益高、易管理,已经成为许多地区促进经济发展、增加农民收入的主要途径。

　　随着我国城镇化进程的加快,农业比较效益的下降,农村青壮年劳动力大量流失,葡萄生产从业者老龄化问题日益严重,劳动力越来越短缺,劳动者的劳务费用越来越高,葡萄生产的投资也水涨船高。因此,节约成本、简化管理、省工栽培、优质高效已是大势所趋。

　　简约栽培又称省力化栽培,和传统栽培相比,更注重标准化和产业化建设,由数量粗放型向质量效益型、科技创新型转变。方便机械化作业成为简约栽培的一个重要环节,特别是建园时要优先考虑葡萄的宽行密株栽培、田间种草、土壤管理、病虫防治等机械化作业,是实施简约化栽培的前提。本书重点阐述了葡萄简约栽培的各项关键管理技术,主要内容包括我国葡萄生产现状,葡萄生物学特性,葡萄最新优良品种,葡萄育苗,现代新型葡萄园建设,葡萄省力化修剪与管理,葡萄土肥水管理技术,葡萄病虫害防治,葡萄采收、储藏及商品化处理等。

　　本书紧密结合我国葡萄生产实际,从实用性出发,总结葡萄简约栽培管理技术,以实现葡萄简约栽培的本土化,发展具有中国特色的葡萄简约栽培模式,为促进规模化葡萄优质高效生产提供技术支撑。

作　者

2018 年 7 月

目　录

第一章　我国葡萄生产现状

一、葡萄生产的意义

（一）营养价值丰富,加工比例高,产业链长

葡萄风味优美,营养价值丰富。在葡萄的浆果中,含有70% ~ 85%的水分,15% ~25%的葡萄糖和果糖,0.5% ~1.5%的酒石酸、苹果酸和少量的柠檬酸等,0.15% ~0.9%的蛋白质,还含有丰富的矿物质(0.3% ~0.5%,包括磷、钾、铁、钙等)、各种维生素(A、B、C、P、PP等)和10多种氨基酸。

葡萄的产业链长、用途广,除鲜食外,还可以酿酒,生产葡萄汁、葡萄干、糖水葡萄及其他葡萄加工制品。葡萄皮含有丰富的白藜芦醇,因此经常饮用葡萄酒和葡萄汁对神经系统与心血管的健康是极为有益的。葡萄籽含油率10% ~20%,含有丰富的氨基酸、矿物质和大量的不饱和脂肪酸,加工成可食用的葡萄籽油,具有医疗、保健、美白之功效。此外,葡萄籽中的原花青素具有清除自由基、抗氧化、抗动脉粥样硬化等作用,已有多种相关保健品和药剂,对多种疾病具有一定的治疗作用。

（二）结果早,栽培模式多样化,经济效益高

葡萄是果树中进入结果期最早,且丰产、稳产的树种之一。如管理得当,当年就可结果,一般在定植后第二年培养树形骨干结构,开花结果,第三年进入丰产期。近些年,随着人民生活水平的提高和设施栽培技术的发展,南方葡萄避雨栽培技术在北方迅速而广泛地发展,使设施葡萄栽培成为一些地区农业生产中的龙头产业,并成为农村脱贫致富的重要途径。同时,葡萄的观光栽培在城市周边也成为一种新兴产业,各种葡萄农庄、葡萄采摘园和葡萄主题公园,给市民休闲观光提供了良好的环境,也带来了可观的经济效益。

(三)适应性强,品种多样,鲜果供应期长

葡萄是一种适应性较强的果树,耐盐碱,在丘陵山区肥水条件较差的情况下也能获得较好的经济效益。葡萄栽培范围广,在我国南北均能种植,除香港和澳门外,其他省(区、市)均有葡萄的商业化栽培,葡萄已经成为我国分布最为广泛的果树树种之一。

同时,葡萄的种类和品种繁多,从极早熟到极晚熟的品种在我国均有种植。葡萄还具有一年多次结果的特性,在南方或设施栽培条件下可以进行一年两熟、一年三熟的栽培模式,有效地延长了葡萄鲜果的供应时间,基本上可以做到葡萄鲜果的周年供应。

但是,在有些地区,由于品种结构较单一,集中上市,导致价格暴跌或滞销,直接影响果农的经济效益,同时制约葡萄产业的发展。

二、我国葡萄的栽培现状

葡萄是世界水果中种植面积最大、产量最高的果树之一。据统计,2015 年全球葡萄种植面积已经增至 753.4 万 hm^2,其中西班牙的葡萄栽培面积最大,为 102.1 万 hm^2。根据联合国粮食及农业组织统计,2016 年,我国葡萄栽培面积达 84.34 万 hm^2,总产量达 1 484.27 万 t,比 2015 年分别增长 5.15% 和 7.91%。自 2011 年起,我国鲜食葡萄产量已稳居世界首位。从 2014 年起,我国葡萄栽培面积已跃居世界第二位,葡萄酒产量居世界第八位,已经成为世界葡萄生产大国。

然而,我国葡萄国际贸易存在较大的逆差,并且呈扩大趋势。近年,我国鲜食葡萄、葡萄干出口量增加显著,从 2007 年开始,葡萄干已经实现了贸易顺差,而葡萄酒、葡萄汁的出口贸易则增长缓慢,并且贸易逆差愈来愈严重。

近年来,我国葡萄无论是栽培面积、产量,还是优质高效标准化栽培模式及管理技术,都取得了迅猛发展。但是与世界先进国家相比,还有一定的差距,在葡萄栽培管理和生产销售方面仍存在诸多问题,使得葡萄市场竞争力差,效益不高。2007 年鲜食葡萄出口量首次超过了进口量,2008 年和 2009 年继续保持了这一趋势。虽然出口量大于进口量,但由于出口单价比较低,鲜食葡萄贸易仍存在较大逆差。

（一）葡萄栽培面积和产量增长迅速，栽培模式多样化

我国葡萄产量呈现强劲的上升态势，自 2008 年以来，面积与产量的年增长率近 10%。其中，鲜食葡萄栽培面积和产量已连续 17 年雄居世界首位，平均年增长量 10.5%。

栽培模式多样化是未来中国葡萄产业发展的重要特征之一。近 20 年来，随着设施栽培技术的推广普及，我国设施葡萄栽培发展非常迅速。截至 2015 年底，全国设施葡萄栽培面积已达 280 余万亩，占全国栽培总面积的 23.3%，而且栽培模式由单一的露地栽培模式转变为多样化的设施栽培模式，包括促早栽培、延迟栽培、避雨栽培、促早加避雨栽培、一年两收栽培，以及休闲观光以供游人观赏、采摘、餐饮等高效栽培模式，提高了经济效益。

其中，避雨栽培面积最大，达 200 余万亩；促早栽培面积其次，达 70 万亩；延迟栽培面积达 5 万亩左右。设施栽培为果树创造了特殊的小区环境，葡萄设施栽培的发展，不仅扩大了葡萄栽培范围，延长了鲜食葡萄成熟和上市供应期，而且显著提高了葡萄产业的经济效益和社会效益。但是，我国设施栽培的环境调控技术依然与一些先进国家存在较大的差距，缺少机械化、自动化、智能化设备。

（二）实施品种优良化、栽培区域化，形成葡萄优势产业带

新疆是我国葡萄种植业的发源地，具有得天独厚的自然条件，有数千年的葡萄栽培历史，在我国葡萄生产中始终占有重要地位。随着农村产业结构的调整，我国葡萄生产逐渐向资源禀赋优、产业基础好、出口潜力大和效益高的区域集中，促进了葡萄优势产业带的形成。鲜食葡萄种植面积由北向南、由西向东依次递减，种植范围也在逐渐向华东、西南扩展。

目前，初步形成了西北干旱新疆葡萄产业带、黄土高原干旱半干旱葡萄产业带（陕西、山西、甘肃、宁夏、内蒙古西部等）、环渤海湾葡萄产业带（山东、辽宁、河北等）、黄河中下游葡萄产业带、南方和西南特色葡萄产业带（云南、贵州、广西、四川等）及以吉林长白山为核心的山葡萄产区等相对集中的优势产业带（区），其中环渤海湾葡萄产业带、西北干旱新疆葡萄产业带及黄土高原干旱半干旱产业带种植面积占全国

葡萄总种植面积的66.23%,产量占全国葡萄总产量的69.2%。

目前,在我国一些葡萄产区已形成自己的品牌,具体如下:

(1)新疆吐鲁番葡萄。新疆吐鲁番葡萄具有品质好、单产高、营养丰富等特点,主要品种有无核白、马奶子、和田红、黑葡萄等500多个,堪称"世界葡萄植物园",并被确定为国家地理标志产品保护区。仅无核白就有20多个品种,其中品质上乘的有无核白、马奶子、木纳格、玫瑰香等18个品种,含糖量高达22%,果肉浅黄色、半透明肉质、果肉较硬、口味甜、无核,品质极佳。

(2)宁夏贺兰山葡萄。宁夏贺兰山葡萄以酿酒葡萄为主,具有香气发育完全、色素形成良好,含糖量高、含酸量适中,产量高,无污染,品质优良等特点。截至2016年底,辖区生产面积62万亩,年产葡萄酒约1.2亿瓶,综合产值近200亿元。

(3)上海马陆葡萄。上海马陆葡萄在上海乃至全国都有较高的知名度,质量上乘、口味浓郁、营养丰富。马陆镇于1999年被国家农业部命名为"中国葡萄之乡"。目前,马陆镇葡萄种植面积达4 000多亩,拥有早、中、晚三个大类共70多个葡萄品种,主要有巨峰、藤稔、无核白鸡心、里扎马特、粉红亚都密、奥古斯特、巨玫瑰、秋红、喜乐、京亚等。

(4)福建福安巨峰葡萄。"北有吐鲁番,南有闽福安",福建福安地理条件独特,所产的葡萄商品性能良好,是我国最重要的南方鲜食葡萄产区。全市葡萄种植面积5万亩,葡萄鲜果产量7.5万t,产值7.5亿元,产品畅销广东、浙江、上海等地。福建福安被誉为"南国葡萄之乡",尤以巨峰葡萄出名,属中熟类品种,成熟时紫黑色,味甜,果粉多,有草莓香味。

(5)陕西葡萄。

①临渭葡萄。临渭葡萄以"穗大饱满、色泽鲜艳、柔嫩香甜、品质优良"而著称,品种达200多个,有红地球、夏黑无核、金手指、巨玫瑰等。临渭被中国果品流通协会评为"中国葡萄之乡",被国家葡萄产业技术体系确定为"综合示范基地",目前全区葡萄种植面积已达25万亩,年产优质鲜果26万t,远销上海、广州、成都等16个大中城市,产值达20亿元,成为目前全国最大的鲜食葡萄基地。

②户县葡萄。截至 2015 年,葡萄种植面积 6.5 万亩,年产量达 6 万 t。以果穗整齐、粒粒饱满、酸甜可口、营养价值高而远近闻名,唐代诗人王翰"葡萄美酒夜光杯"的诗句流传千古。户太八号、红提、红贵族、新华一号等葡萄品种质量优良,基本上形成了西部以早熟品种为主、东部以中晚熟品种为主的较为合理的品种结构。户县获"中国户太葡萄之乡"和"中国十大优质葡萄基地"等荣誉。

(6)江苏张家港葡萄。张家港葡萄果穗整齐,果粒发育充分、大小均匀、粒大、皮薄、肉脆、多汁,可以连皮食用,有一半的品种带有玫瑰香、茉莉香或草莓香味等。

(7)山东葡萄。

①醋庄葡萄。醋庄葡萄主要包括藤稔、金手指、维多利亚、夏黑等 20 多个葡萄品种。穗大粒饱,色泽鲜艳,清爽可口,酸甜适中,含糖量为 17% ~ 23.5%,最高可达 33%,并含有多种维生素、抗坏血酸和氨基酸。2015 年度辖区葡萄生产面积 1.1 万亩,产量 4.4 万 t。已注册"琼浆果""武状元""御口甜"农产品商标 3 个,获得国家绿色食品认证 5 个,有机认证 1 个。2015 年,"醋庄葡萄"成功获批国家地理标志。

②大泽山葡萄。大泽山葡萄是山东省乃至全国的著名地方特产,已有 2 000 余年栽培历史,其主要特点是色泽艳丽、酸甜可口、营养丰富、品质上佳。鲜食葡萄当家品种包括泽玉、泽香、玫瑰香等,酿酒葡萄当家品种为北醇、莎当妮、赤霞珠等。葡萄产业已成为大泽山镇农民赖以生存的经济来源。

(8)云南葡萄。

①元谋葡萄。主要种植美国红提、无核白鸡心、夏黑等品种,具有含糖量高、酸度适中、果香味浓等特点,早熟,可实现周年供应。2015 年度辖区葡萄生产面积 4 180.7 亩,产量 4 200 t。

②宾川红提葡萄。宾川县素有"天然温室""热区宝地"之称,是全国有名的红提葡萄种植基地。葡萄种植面积已达 18.48 万亩,产量 41.2 万 t,产值 30.58 亿元,"宾川红提葡萄"已成功注册中国地理标志证明商标。

(9)河南民权葡萄。河南民权葡萄种类多,品种资源丰富,品质优良,色泽度好,商品性极高;富含多种矿物质和维生素,营养丰富,成熟的浆果中含糖量高,葡萄中的糖分易被人体吸收,具有抗衰老的功效。

(10)河北宣化牛奶葡萄。河北宣化牛奶葡萄鲜果以皮薄、肉脆、多汁、皮可剥离而闻名,素有"刀切牛奶不流汁"之美誉,为中国北方最著名的鲜食品种之一,具有晶莹剔透、甜酸可口的品质。分布于中国西北、华北地区,主要产地为新疆吐鲁番盆地和河北的宣化、怀来等地,其中宣化地区栽培面积占栽培总面积的85%以上。

(三)葡萄品种丰富,品种结构趋于优化

目前,我国的葡萄栽培品种70%为国外引进,30%为国内选育及传统栽培的地方品种。我国葡萄栽培仍以鲜食葡萄为主,占栽培总面积的80%。栽培的鲜食品种果皮颜色多样,红色品种和黑色品种广受欢迎,绿色品种也占有一席之地。无核品种方便食用,市场需求日益增多,夏黑无核葡萄在近几年异军突起,发展迅速。鲜食品种以巨峰、红地球、藤稔、玫瑰香及无核白为主。随着市场竞争日益激烈,品种结构趋于优化,醉金香、巨玫瑰、火焰无核、克瑞森无核等品种发展很快,尤以阳光玫瑰和夏黑葡萄的发展势头较为迅猛。

在酿酒葡萄中,赤霞珠、梅鹿辄、霞多丽和西拉等优良品种是我国酿酒葡萄的主栽品种,栽培面积约占到全国酿酒葡萄的80%,而且山葡萄和刺葡萄的酿酒利用也在进一步加快。

制干葡萄品种以新疆大面积种植的无核白为主。砧木品种较为单一,主要是贝达,约占嫁接苗栽培总面积的83%。

三、我国葡萄产业存在的问题

尽管我国葡萄产业近年来发展迅速,设施葡萄和观光葡萄快速崛起,但与国际相比,仍然存在一些问题。尤其是我国葡萄种植户大多为小散户种植,其管理技术和管理理念有待进一步提升。

(一)栽培管理技术标准化程度低

随着科学技术的发展,栽培管理也由传统种植向信息化、智能化、省力化、机械化、设施化方向转变。实现栽培管理标准化,使葡萄整形修剪、土肥水和花果管理技术等均按制定的各种技术规程或规范进行

操作,由高产高效向优质、绿色、高效方向发展,是当前葡萄栽培管理的首要任务。

目前,在大型的葡萄生产企业或者农业合作社,葡萄的周年管理技术的标准化程度较以前有较大的提升。但是,我国当前的葡萄生产仍以农村个体化农户生产为主,缺乏统一的管理和标准化的种植技术。许多产区仍未建立统一规范的生产操作技术规程或产品标准,同时存在大面积跟风扩种,缺少系统的栽培管理技术,片面追求产量现象,导致葡萄品质较低、浆果着色差、竞争力差,降低葡萄产品的商品性,无市场竞争力、售价低、效益不高,甚至无法销售。

(二)无病毒优质良种苗木繁育体系建设滞后,苗木生产管理不规范

品种纯正,无病毒健康苗木是优质高效葡萄生产的基础。但是我国的葡萄苗木繁育和经营缺少规范的苗木生产大企业,以个体繁育户为主,体系不规范,缺乏有效的监管,导致苗木质量参差不齐,未能实现无病毒苗木建园,出圃苗木质量标准化低,品种纯度难以有效保证。因此,要实现苗木生产标准化,应建立以定点生产企业为主体、以国家和省级果树科研与技术推广机构为依托的葡萄苗木繁育体系,以实现种苗生产的有序性、规范化和规模化,实施苗木无毒化和标准化,保证葡萄苗木质量、纯度,控制检疫性病虫害蔓延扩散,促进脱毒嫁接苗木的推广和普及。

(三)设施栽培盲目促早,忽视葡萄的生长发育规律

葡萄设施栽培中的促早栽培(以塑料大棚和日光温室居多),给广大果农带来了巨大商机。但是,塑料大棚内的温度变化主要是随着外界气温的升降而升降,外界温度越高,棚温越高,外界温度越低,棚温也越低;季节温差明显,昼夜温差大。因此,塑料大棚内的温度,更多取决于外部环境条件。温度对葡萄生长发育起主导作用,10 ℃以下生长趋于停止,10~14 ℃时生长缓慢,果农盲目追求早上市、高价格而过早打破休眠,促使发芽,一旦遇到低温冷害,葡萄生长发育受阻,会得不偿失。

(四)农药和植物生长调节剂施用不合理

葡萄是鲜食水果,产品的安全性直接影响人们的健康。但是,在我国葡萄的生产中,不合理施用农药和植物生长调节剂现象非常突出,不仅影响树势和树体的栽培年限,而且破坏土壤环境。当前存在的问题,一是对果品缺乏有效的农残检验,尤其是植物生长调节剂的残留问题未引起足够的重视。二是葡萄生产中绿色果品栽培技术和科学绿色防控的理念尚未引起重视,很多果农还局限于"产量效益型"的旧理念。农户往往根据经验使用农药,未结合每年流行病害的发生情况去调整,滥用农药,过量施用农药的现象时有发生。三是果品生产时,植物生长调节剂施用不规范。片面追求大果穗、大果粒、有色品种的色泽,而中间商收购果品时仅按外观品质、果穗或果粒的大小定价,忽略了葡萄的内在品质,致使果品质量安全得不到保证,从而造成了部分地区存在葡萄农药、重金属污染和植物生长调节剂残留超标等安全隐患。

(五)销售产业化程度不高,品牌意识有待提高

我国葡萄种植主要以家庭为单位,规模小,投入不足,缺乏专业化和规模化管理,龙头企业或专业合作社规模小、数量少、发挥作用小,品牌意识淡薄,市场竞争力不足,"坐地头等销售"的问题仍非常普遍。

第二章 葡萄生物学特性

第一节 葡萄器官及其生长发育

葡萄是落叶的多年生攀缘植物,它的器官包括根、茎、叶、芽、花、果穗、果粒和种子等。根、茎、叶、芽属于营养器官,主要进行营养生长,花、果穗、浆果和种子属于生殖器官。

一、根

(一)根的主要功能
葡萄根系由骨干根和幼根组成。多年生的骨干根或主根的主要作用是输送水分、养分,把植株固定在地上,并储藏营养物质。而须根则从土壤中吸收矿物质和水分,并把它们输送到地上部,把从土壤中吸收的无机氮、无机磷等物质转化为有机氮、有机磷化合物。当年生的新根还能合成有机营养物质和激素,以供应地上部分的生长发育。

(二)根的类型
葡萄根系根据发生和繁殖方式不同,可分为茎源根系和实生根系。通过种子播种获得的葡萄苗,有明显的主根、侧根、须根,是从种子胚根发育而来的,属于实生根系,分布较深,对外界环境有较强的适应力。以扦插、压条繁育的葡萄苗木,没有明显的主根,骨干根和须根发达,其根系来源于土壤中枝条扦插或压条的茎上产生的不定根,属于茎源根系,分布较浅,生活力相对较弱。

(三)根的分布
葡萄的根系发达,是深根性树种。在一般情况下,根系在土壤中的深度可达 2~5 m,在疏松的土壤中可能达到 12~15 m。但根系主要分布深度为 15~80 cm,而多集中分布在 20~40 cm 处。不同的葡萄种类、不同的土壤类型和栽培管理条件影响根系的分布。如在疏松的土壤条件中，根系分布浅，水平延伸大于垂直分布。在黏土或砾质土中，根系分布相对较深。

（四）根系的生长动态

根系的生长随季节、土壤和品种的不同而表现差异。当根系分布层的土温达到 6~6.5 ℃时，欧洲种葡萄的根系开始吸收水分和养分。而美洲种葡萄的根系在 5~5.5 ℃开始活动。在枝蔓新鲜伤口处分溢出大量的伤流液，说明根系已开始活动。如果葡萄根系越冬时受冻害严重，则在芽萌动以前，往往不会出现伤流，或伤流期很短和伤流液很少，伤流随着展叶蒸腾逐渐消失。当土温升到 12~13 ℃时，葡萄根系才开始生长，15~22 ℃时生长最快。根系在温度、水分适宜条件下，可周年生长而无休眠期。

二、茎

葡萄的茎称为枝蔓，主要包括主干、主蔓、侧蔓、结果母枝、新梢、副梢和萌蘖枝。当年由结果母枝上萌发的新枝，着生果穗的新梢称为结果枝，不具有果穗的新梢称为营养枝，或称为发育枝。

（一）主干

主干是指由地面到第一层分枝之间的树干。在北方，为了冬季防寒、上下架方便，将葡萄 1 条粗硬的主干改造成无主干扇形树形，从地面上发出的枝蔓多于 1 个（一般 2~4 个），习惯上称为主蔓，而非主干。

（二）主蔓

主蔓是指主干上着生的一级分枝。

（三）侧蔓

主蔓上的多年生分枝称为侧蔓，其上着生结果母枝。

（四）结果母枝

着生结果枝的枝蔓称为结果母枝。冬季修剪时，结果母枝是主蔓或者侧蔓上的一年生成熟枝条，是葡萄翌年生长和结果的基础。

（五）新梢

新梢是葡萄当年萌发的带有叶片的枝条。葡萄新梢由节、节间、芽、叶、花序及卷须组成。葡萄节上着生叶片，叶片互生，叶腋内着生芽眼，叶片的对面着生卷须或果穗。一般在新梢基部第2节处仅生长叶片，自第3节起着生卷须或果穗。节的内部有隔膜，起储藏养分和加固新梢的作用，新梢髓腔大小与充实度有关。普通茎内部的髓部组织和导管特别发达，髓部具有储藏养分和水分的功能，随着枝蔓的衰老，髓部逐渐缩小而木质化。

（六）副梢

新梢叶腋部位由夏芽或冬芽萌发形成的二次长枝称为副梢。

（七）萌蘖枝

由根或茎上的隐芽萌发的新梢称为萌蘖枝，一般应及早去除，也可以用于更新复壮。

三、叶

（一）叶的形态

葡萄叶片是辨认品种的重要依据之一。葡萄叶为单叶，以互生方式着生在新梢上，由叶柄、叶片和叶托构成，多为5裂，但也有3裂、7裂或全缘的，叶缘有锯齿。叶的形态、色泽随种和品种而异，是分类和识别品种的重要标志。叶柄支撑着叶片，有趋光性，因而可以使每片叶子都能获得良好的光照。叶片上连叶脉，下连新梢维管束，与整个疏导组织相连，起着输送养分的作用。

（二）叶的构造

葡萄叶片的解剖结构表明，叶片由上下表皮、叶肉（栅栏组织和海绵组织）、叶脉（维管束）、气孔和茸毛组成。上表皮是由排列整齐的柱状细胞构成的栅栏组织，细胞外壁多角质化形成的角质层，以保护叶片。在栅栏组织的下方为海绵组织，结构松散，由不规则的细胞组成。下表皮角质层较薄，分散有较为密集的气孔，每个气孔由两个保卫细胞及其中间的气孔组成，是叶片进行呼吸和蒸腾作用的通道。栅栏组织是进行光合作用最活跃的部位，在叶片较厚的美洲种中，栅栏组织较厚,叶绿素含量较多,而在叶片较薄的欧洲种中,栅栏组织较薄,叶绿素含量较少,其抗逆性与美洲种相比也较弱。

(三)叶的功能

1.光合作用

葡萄叶片是进行光合作用、呼吸作用和蒸腾作用的器官。葡萄以叶片中的叶绿体为载体,利用太阳光能和空气中的二氧化碳,并从土壤中吸收水分,进行光合作用产生碳水化合物,并释放出氧气。叶片制造的碳水化合物,一部分被根系中吸收的氮、磷酸化后,形成蛋白质和氨基酸,作为细胞质的基础物质;另一部分碳水化合物在叶片本身的呼吸作用中不断分解消耗,同时释放出能量供葡萄植株进行生命活动。

葡萄叶片光合作用最适宜的温度为 25 ℃,超过 30 ℃时,光合作用迅速减退。温度降低时,同化作用减弱,温度低于 6 ℃时,光合作用几乎不能进行。葡萄幼叶的光合能力弱,呼吸能力强,所产生的养分远不能满足其自身的消耗,因此在开花坐果和幼果生长前期,因幼叶消耗养分而加重落果和小果现象。老叶在生长后期制造养分的能力已显著减弱,而新梢旺盛生长期形成的叶片最大,光合能力强,制造养分的能力比主梢上的叶片高 3 ~ 7 倍,因此在葡萄进入结果期后,要注意控制合理的叶果比指标,一般葡萄的叶果比为 12∶1,即一穗果实周围至少有 12 片成熟的叶片,以提供果实正常生长发育所需的营养。

2.呼吸作用

葡萄叶片进行同化物质的代谢过程,即在空气中氧气的参与下,把植株体内的碳水化合物分解为二氧化碳和水的过程,同时释放出能量供葡萄进行生命活动。

3.蒸腾作用

葡萄根系从土壤中吸收水分,在蒸腾拉力的作用下,通过枝蔓的导管上升到叶片。小部分参与光合作用,而大部分从叶片气孔向外蒸腾到空气中。水分蒸腾时吸收叶片气孔周围的热量,能降低树体的温度,使叶片、新梢等幼嫩组织不受高温的伤害。

4.吸收作用

叶片的气孔是水分、氧气和二氧化碳进出叶肉的通道,也可以使矿物质、农药的水溶液进入,而且速度比通过根系吸收的速度快。因此,生产上采用叶片追肥和喷施农药防治病虫害的效果较好。

四、芽

(一)芽的种类

葡萄芽属于混合芽,叶和花原基共存于同一芽体中,生长在叶腋内,分冬芽、夏芽、隐芽三种。

1. 冬芽

冬芽是着生在结果母枝各节上的芽,体形比夏芽大,外部有层褐色鳞片,鳞片上着生茸毛,保护幼芽。冬芽具有晚熟性,一般当年不萌发,需至翌年春季才能萌发。冬芽内位于中央最大的一个芽称为主芽,其周围有 3~8 个副芽。主芽居中,副芽在外,春季主芽先萌发,当主芽受伤或者在修剪的刺激下,副芽也能萌发抽梢,但营养不良,花序很少。葡萄枝蔓基部芽眼小或无,中部芽眼多而饱满,上部次之。

2. 夏芽

夏芽是裸芽,没有褐色原鳞片,位于新梢的叶腋中,当年萌发的枝条称为副梢(或称一次副梢)。副梢抽出数量与品种特性、营养好坏及栽培管理措施有密切关系。副梢生长过旺,就会影响主蔓发育,因此在生产上要控制副梢生长。在气温和营养条件适宜的情况下,有些品种通过对新梢摘心,短期内能促使夏芽形成花芽。夏芽抽生的副梢上形成的芽与主梢一样,也有冬芽和夏芽之分,冬芽越冬,夏芽可于当年萌发成二次副梢,生长旺盛的副梢可以二次结果。

3. 隐芽

冬芽在越冬后,一些枝蔓基部的小芽(冬芽或冬芽中的副芽)常不萌发,随着枝蔓逐年增粗,而潜伏在表皮中,成为潜伏芽(隐芽)。葡萄的隐芽寿命长,极短梢修剪可刺激隐芽的萌发,用来更新枝蔓,复壮树势。

(二)花芽分化

葡萄的花芽分化是开花结果的基础。花芽形成的多少和质量的好坏,与上年树体营养状况有密切关系。花芽分化是芽的生长点分生细胞在发育过程中,由于营养物质的积累和转化,以及成花激素的作用,在一定的外界条件下发生转化,形成生殖器官,即花序的原基。葡萄的花芽有冬花芽和夏花芽之分,一般一年分化一次,也可以一年多次分化。

1. 冬花芽的分化

一般在新梢长到 50 ~ 80 cm,展叶 7 ~ 14 片时,冬花芽开始分化,新梢基部 3 ~ 6 节的冬芽首先开始分化,然后由下而上逐渐开始分化。基部第 1 ~ 2 节和第 7 ~ 8 节上的冬芽比第 3 ~ 4 节上的冬芽分化晚 10 ~ 15 天。我国黄河、长江流域以 6 ~ 8 月为分化盛期,其后逐渐减缓,到 10 月暂停分化。冬季休眠期间,花芽不再分化,到第二年春季发芽前后,随着地温的上升,气温达 20 ~ 30 ℃时是花芽分化的适宜时期,形成完整的花序,每朵花依次分化形成花萼、花冠、雄蕊、雌蕊等部分。花序分化时间的早晚、长短、花蕾数量与品种和树体的营养积存有密切关系。因此,在葡萄生长过程中,经常使用一些良好的栽培措施,如新梢摘心、控制夏芽副梢的生长来集中营养,促进冬芽的良好分化。

2. 夏花芽的分化

夏芽的花芽分化出现在当年生新梢的第 5 ~ 7 节,随着夏芽生长分化,当具有 3 个叶原基时,就开始分化花序。夏芽具有早熟性,在芽眼萌发后 10 天左右就有花序分化,花序一般较冬芽小。葡萄夏芽能否形成花序与品种特性和栽培技术有关。研究表明,新梢摘心前,花芽分化速度较慢,甚至未分化,摘心后,夏芽在两天内就分化出一个花序原基,6 天就可看见第三叶对面的小花序;在未去除副梢的情况下,冬芽 12 ~ 14 天也可分化出一个花序原基,如果完全去除副梢或留一片叶反复摘心,其分化速度会更快。

五、花序、花和卷须

(一)花序

葡萄花序是复总状花序(或称圆锥花序),由花梗、花序轴、花蕾组成,通常称穗(图 1)。发育完全的花序有 200 ~ 1 500 个花蕾,副穗的有无和大小,因品种不同而有所差异。葡萄花序的分枝可达 3 ~ 5 级,基部的分枝级数较多,顶部的分枝级数少。自然的花序形状有圆锥形、圆柱形、分枝形等。葡萄花序多着生在结果枝的第 3 ~ 7 节上,其中以中部的花序质量最好。

(二)花

葡萄的花有三种类型,即两性花(完全花)、雌能花、雄花。

1. 两性花

葡萄多数品种为两性花,由花梗、花托、花萼、花冠、雄蕊、雌蕊组成。雄蕊有 5 ~ 7 个,每个花丝顶端有一粒花药,内有 2 个花粉囊,开花时散出花粉。雌蕊 1 个,由子房、花柱和柱头组成,子房上位,2 个或多个心皮、2 个心室。雌蕊基部有 5 个蜜腺,开花时散发出香气。雌蕊、雄蕊发育正常,能自花授粉结实。未开花时的花蕾为绿色,单个花蕾为 4 ~ 5 mm。花萼较小,紧贴在花托上部,大部分合生,仅边缘分出 5 个薄膜状萼片。葡萄花冠是帽状的,开花前花蕾逐渐变成淡黄色,开花时由雄蕊顶起,花冠呈 5 片裂开向上卷起而脱落。一个花序开完需 5 ~ 7 天,同一个花序中部先开,基部分枝和先端(尖)后开。葡萄绝大多数是两性花,可自花授粉。

2. 雌能花

雌能花除有发育正常的雌蕊外,虽然也有雄蕊,但雄蕊的花丝比柱头短或者向外弯曲,花粉发育不良、无活力,表现为雄性不育,如野生种的部分植株。需要配置授粉品种才能正常结实。

3. 雄花

在花朵中雄蕊发育正常,花粉可育,而雌蕊退化或者雌蕊不完全,没有正常发育的柱头,不能结实。如野生种山葡萄、刺葡萄等。

(三)卷须

葡萄卷须和花序是同源器官,都着生在叶片的对面。在花序分化过程中营养充足时,卷须可分化成花序;营养不足时,花序停止分化而分化成卷须。卷须的作用是攀缘向上、固定枝蔓,使植株得到充足的阳光。然而,在栽培条件下,架材建设和人工绑缚已经代替了卷须固有的功能,因此生产中,为减少营养消耗,便于工作,人工栽培的葡萄要尽早去掉卷须,以防扰乱树形和消耗营养。

六、果穗、果粒和种子

葡萄的果穗是由花序发育而来的,果粒由子房膨大形成,种子由受精的胚珠发育而成。

(一)果穗

果穗由穗梗、穗轴、果粒组成,自然形状为圆锥形、圆柱形和分枝形。果穗的大小、形状、产量与品种有关。

果穗的大小通常以重量或者穗长来表示。一般平均穗重 800 g 以上称为极大穗,450~800 g 为大穗,250~450 g 为中穗,100~250 g 为小穗,100 g 以下为极小穗。为方便计算,也可用穗长表示,分为极小(穗长 10 cm 以下)、小(穗长 10~14 cm)、中(穗长 14~20 cm)、大(穗长 20~25 cm)、极大(穗长 25 cm 以上)。

果穗上果粒着生的松紧度也是评价果穗质量的一个重要指标,通常分为极紧(果粒之间很挤,果粒变形)、紧(果粒之间较挤,但果粒不变形)、适中(果粒平放时,形状稍有改变)、松(果穗平放时,显著变形)、极松(果穗平放时,所有分枝几乎都处在一个平面上)。在生产中,果穗和果粒的大小及松紧度对鲜食品种较为重要,是划分果品等级的一个重要指标,如夏黑葡萄的一级果,要求果穗为圆锥形或者圆柱形,穗重 400~800 g,果粒 5.0~8.0 g,松紧适中。

(二)果粒

果粒是卵细胞受精后由子房发育而成的,由果柄、果蒂、果皮、果肉、果刷和种子(或无种子)组成。葡萄的果粒多浆汁,因此称为浆果。浆果含水分 70%~80%,含葡萄糖 8%~13%,含果糖 7%~12%,含有机酸 0.3%~1.5%。果粒形状、大小、颜色,果粉的多少,果皮厚度,肉质软硬,汁液多少,果实中糖酸含量、糖酸比、芳香物质及鞣酸含量等都是判断品种的重要依据。

浆果的形状、大小、色泽,因品种不同而差异较大。果皮的颜色分无色(白、绿、黄绿)和有色(粉红、红、紫红、紫黑、蓝),多数品种有果粉(保护层)。葡萄果粒的形状可分为圆柱形、长椭圆形、扁圆形、卵形、倒卵形等。果粒大小以平均单粒重分级,其中鲜食有核品种 5 g 以下

为小粒,6~7 g 为中粒,8~9 g 为大粒,10 g 以上为巨大粒。无核品种:
3 g 以上为小粒,4~5 g 为中粒,6~7 g 为大粒,8 g 以上为巨大粒。

葡萄果皮上的果粉是葡萄里糖的结晶,自然均匀分布在果皮上,不覆盖果皮本身的颜色,越新鲜的葡萄上会有越多的果粉,俗称"白霜"。因为葡萄皮上的果粉中含有酵母,所以自制葡萄酒在发酵时可以不另外加入酵母。如果分布不均匀,或有暗蓝色的痕迹,可能是使用农药造成的,食用之前需完全洗干净。

(三)种子

普通的种子由种皮、胚乳和胚构成,种子有坚硬而厚的种皮,胚乳为白色,含有丰富的脂肪和蛋白质,能提供种子发芽所需能量。葡萄的种子发育影响着浆果的大小,尤其是种子中赤霉素的含量对种子的大小有着重要的影响。浆果中含种子的数目因品种及营养条件不同而不同,一般以 2~3 粒为最多,少数为 4~6 粒。但有些品种未经受精,子房能自然膨大而发育成浆果,或因胚囊发育缺陷或退化,不能正常受精,靠花粉的生长素刺激子房膨大而形成无籽葡萄。

第二节　葡萄植株的年生长周期

进入结果期的葡萄植株的年周期,可分为两个主要的时期,即生长期和休眠期。生长期是从春季的伤流开始到秋季落叶。休眠期是从落叶开始到翌年萌芽之前。葡萄植株的生长期又可分为以下七个时期。

一、伤流期

葡萄由于根压作用,从伤口分泌大量的透明液体,俗称伤流(图2)。葡萄的伤流时间是从惊蛰开始到葡萄萌芽展叶期,当春季地温达到 10~13 ℃时,树液开始萌动,根系开始活动,此时树体没有开始萌芽,未有生长点,营养物质还未被利用,所以树液从伤口或者剪口流出,到芽萌动停止。

葡萄进入伤流期,说明根系开始从土壤中吸收水分及无机盐类营养物质。伤流液的多少,与葡萄的种类和品种及土壤的温度、湿度有关。伤流液含有大量水分和少量营养物质,每升伤流液含干物质1～2g。如果在伤流期进行修剪,轻者影响树体发育,使树势衰弱,葡萄的花穗退化,形成卷须,影响当年产量;重者出现植株黄化,甚至死亡。因此,在生产中应尽量减少伤流的出现,如避免过重的修剪及机械伤害。

二、萌芽期和新梢生长期

萌芽期是指从萌芽到开花前的阶段。这一时期日平均气温10 ℃左右,枝条节上的韧皮部进入活动状态,根系开始活动,将吸收的营养物质输送到芽的生长点,细胞开始分裂生长,芽眼开始膨大,芽内的花序原基继续分化。此时若树体营养不足或春季施肥不足,则新梢生长细弱,花序原基分化不良,形成带卷须样的小花序。若营养基础良好,新梢生长健壮,则对当年产量、葡萄品质和翌年的花芽分化都起着促进作用。

从萌芽展叶到新梢停止生长为新梢生长期。从萌发到开花始期,新梢迅速生长,到开花时约达全长的60%以上。因此,在新梢生长期,前期要加强肥水,及时抹芽,并进行副梢摘心、除卷须和绑蔓等工作;后期要及时摘心,去除不需要的新梢和副梢,控制肥水,以促进枝条的良好生长和促使养分集中供应花序的生长发育。

三、开花期

由始花到终花为止称为开花期。发芽后随着新梢的生长,花序逐渐伸长、扩展,花朵膨大、分离,当气温上升到20 ℃左右时,花帽变为黄绿色,花丝不断伸长,把花帽从基部顶落即为开花。开花早晚、时间长短与当地气候条件和品种有关,一般花期7～10天。开花期最适宜的温度是25～30 ℃,气温越高,花期越早,开花持续的时间越短。但是,若气温超过30 ℃,或者花期遇上低温和阴雨天气,容易授粉受精不良,后期会大量落花落果,影响葡萄的坐果。因此,在葡萄开花前后,应加强肥水管理,及时进行新梢摘心,除副梢,掐花穗尖,使养分集中供应花穗,以提高坐果率。

一个花序完成开花需2～3天,中部的花先开,基部的花其次开,尖部的花最后开,整个开花期为 7 ~ 10 天。

四、果实生长期

从子房开始膨大到果实着色前称果实生长期。一般可延续 60 ~ 100 天。其中,包括果实生长、种子形成、新梢加粗、花芽分化、副梢生长等。葡萄授粉受精后,当子房膨大到 3 ~ 4 mm 时,一部分因营养不足或授粉受精不良产生生理落果。果实在生长的同时,新梢加粗生长,节上芽眼进行花芽分化,当果实长到该品种所具有的形状和大小时,生长缓慢,随即进入果实生长后期。这个时期要及时引绑新梢,处理副梢,以改善架面光照条件。同时,要及时防治病虫害,保叶、保果,适当增施磷、钾肥等,以促进果实的快速生长。

五、果实成熟期

从果实转色开始到果实完全成熟为果实成熟期。这一时期的标志是果粒变软而有弹性,浆果开始成熟,绿色品种颜色开始变浅,其他有色品种开始积累花青素,由浅变深,开始着色。浆果的含糖量迅速升高,含酸量下降,芳香物质逐渐形成,单宁物质逐渐减少。种子由黄褐色变成深褐色,并有发芽能力。果实成熟期光照要充足,高温干燥、昼夜温差大,有利于浆果着色,并使含糖量升高;而成熟期若遇连续阴雨,果实着色不良,糖分积累不足,香味不浓,会影响果实的品质。这个时期要注意排水,摘掉影响光照的枝叶,可向叶面喷磷、钾肥,以促进果实迅速着色成熟和枝条充实。

六、落叶期

从浆果采收后至落叶为止为落叶期。叶片的光合作用仍在继续进行,将制造的营养物质由消耗转为积累,并运往枝蔓或根部储藏。在落叶期,绝大多数新梢和副梢的生长基本停止,但是花芽分化仍在微弱进行,如树体营养充足,枝蔓充分成熟,花芽分化较好,可提高越冬抗寒能力和下年产量。因此,在落叶期要加强管理,采取预防早期霜冻措施,延长吸收营养、枝叶养分流动时间。

七、休眠期

葡萄休眠期从落叶开始,到翌年树液开始流动为止。一般从9月枝条开始成熟,叶片褪绿变黄,开始脱落,逐渐进入休眠,10~11月进入深休眠,持续到翌年1月下旬,这个时期是葡萄的自然休眠(自然休眠是指即使给予适当的生长环境条件仍不能萌芽生长,需要经过一定的低温条件,解除休眠后才能正常萌芽生长的休眠)期,该时期葡萄的生命活动并没有完全停止,仍在微弱地进行中。一般当自然休眠解除后、气温高于10℃时,枝条开始萌发生长;如果外界气温较低,不适宜生长,休眠持续进行,则称为被迫休眠。

一般葡萄的需冷量要求,7.2℃以下温度需700~1500 h。不同栽培品种之间存在差别,通常欧美杂种品种需冷量普遍高于欧亚种品种。需冷量短(需冷量700~1000 h)的品种,有金星无核、京秀、藤稔、早玉、红地球、霞多丽、夏黑、凤凰51等,需冷量长(需冷量1000~1300 h)的品种,有巨玫瑰、火焰无核、京亚、巨峰、维多利亚等。因此,一般冬季30~45天可以满足自然休眠的要求。

第三节 葡萄对生长环境条件的要求

葡萄器官的生长发育,需要特定的生态环境条件,温度、光照、降水量和水分、土壤对果树生产有较大的影响。当前设施葡萄栽培就是根据葡萄生长发育各时期的特点,人为创造良好的环境条件,为优质丰产打下坚实的基础。

一、温度

(一)葡萄各物候期对温度的要求

葡萄不同种群及品种在各个生长时期对温度的要求差异较大。在伤流期,当平均气温在10℃以上,地下20~30 cm处地温达6~10℃时,鲜食的欧亚品种葡萄根系开始从土壤中吸收水分、养分。在萌芽期和新梢生长期,当地温达到10~16℃时,地上部开始萌芽抽枝,最适宜根系生长的温度为 20~25 ℃，地温超过 28 ℃根系生长受限或者死亡。随着气温的升高，萌芽后的新梢加速生长，最适宜新梢生长和花芽分化的气温是 25~30 ℃，气温低于 14 ℃不利于开花和授粉。在果实成熟期，最适宜的气温是 28~32 ℃，气温低于 16 ℃或者超过 38 ℃对浆果发育成熟均不利，造成品质下降。

（二）葡萄对有效积温的要求

不同成熟期的葡萄品种对从萌芽到果实成熟期间的有效积温要求也不同，极早熟品种积温在 2 000~2 400 ℃，从萌芽到浆果成熟所需生长天数为 100~115 天，如莎巴珍珠、早玫瑰；早熟品种积温在 2 400~2 800 ℃，浆果成熟所需生长天数为 115~130 天，如无核紫、花叶白鸡心；中熟品种积温在 2 800~3 200 ℃，浆果成熟所需生长天数为 130~145 天，如巨峰、藤稔、玫瑰香；晚熟品种积温在 3 200~3 500 ℃，浆果成熟所需生长天数为 145~160 天，如红地球、秋红、秋黑；极晚熟品种的浆果成熟所需生长天数大于 160 天，如金皇后、大宝。

（三）葡萄对低温的耐受力

葡萄对低温的耐受力，因不同种群和器官差异较大。如欧亚种和欧美杂交种，萌芽时芽可耐受 -3~-4 ℃的低温，嫩梢和幼叶可耐受 -1 ℃的低温，花序在 0 ℃时发生冻害。在休眠期，葡萄根系对温度较敏感，欧亚品种根系在 -5 ℃左右就会发生轻度冻害，成熟枝芽可耐 -18~-16 ℃的低温；美洲种和欧美杂交种，其根系在 -7~-5 ℃时受冻，成熟枝芽可耐 -20~-18 ℃的低温；美洲种的根系均在 -9~-7 ℃时受冻，成熟枝芽可耐 -22~-18 ℃的低温。

适合抗寒的葡萄苗品种很多，一般选用抗寒砧木贝达嫁接的品种都比较抗寒。

（四）葡萄需冷量

落叶果树设施栽培成功的关键之一是满足植物的需冷量。只有满足了需冷量，才能保证其顺利通过自然休眠，才能正常萌芽、展叶。若需冷量得不到满足，即使给予其适宜的环境条件，葡萄也不会萌芽、展叶，或者即便萌芽、展叶，也会存在营养生长和开花结实的异常，严重影响葡萄的产量和品质,无法达到葡萄设施促早栽培的目的。

二、光照

葡萄喜光性强,在充足的光照条件下,植株生长健壮,叶色绿、叶片厚、光合效能高,花芽分化好,枝蔓中积累有机养分多,浆果糖分积累充足,着生均匀,品质上乘。如果光照不足,新梢节间细而长,叶片黄而薄,花器分化不良,花序瘦弱,花蕾小,落花落果严重,果实品质差,枝蔓不能成熟,越冬时,枝芽易受冻害,且影响翌年的植株生长、果实产量和质量。

欧洲葡萄对光周期的变化不太敏感。美洲葡萄在短日照情况下,新梢生长和花芽分化显著受抑制,枝条成熟进度加快。

葡萄成熟期,每年葡萄树大概需要 1 500 ~ 1 600 h 的日照,从葡萄发芽到采摘期间至少需要 1 300 h,由于色素和单宁的原因,红葡萄比白葡萄需要更多的阳光和热量。

不同种和品种对光的反应略有差异。光的不同成分对葡萄的结果与品质也有不同影响,蓝紫光特别是紫外线能促进花芽分化、果实着色和提高果实品质。在我国,葡萄的主要产区在西北、华北和东北地区,这些地区光照充足,日照时数较多,果实品质优良。

三、降水量和水分

水分是葡萄植株各器官组织的重要组成部分,一般葡萄浆果含水80%,叶片含水 70%,枝蔓、根含水 50% 左右。水直接参与有机物的合成与分解,以及各种生理与化学的变化。叶片的水分蒸腾作用,能调节树体的温度,并能促进水、肥及农药的吸收。

葡萄是需水量较多的植物,我国北方大部分葡萄产区降水量为300 ~ 800 mm,并且多集中在 7、8 两个月,冬春干旱,夏秋多雨。因此,许多地区春季需灌溉,夏秋需控水。新疆的吐鲁番地区降水量少,空气湿度小,成熟季节干燥高温,葡萄需水期具备良好的灌溉条件,因此能获得优质的制干葡萄,是我国重要的葡萄产区。

葡萄在生长期内,从萌芽到开花对水分需要量最多,开花期减少,坐果后至果实成熟前要求均衡供水,成熟期对水分的需求又逐渐减少。

水分对葡萄的生长和果实品质有很大的影响,在葡萄生长期,如土壤过分干燥,根系难以从土壤中吸收水分,葡萄叶片光合作用速率低,制造养分少,也常导致植株生长量不足,易出现老叶黄化,甚至植株凋萎死亡。因此,在早春葡萄萌芽期、新梢生长期、幼果膨大期要求有充足的水分供应,土壤含水量以达 70% 左右为宜。在葡萄开花期,如果天气连续阴雨低温,就会阻碍正常开花授粉,受精不良,造成落花和幼果脱落。果实膨大期到成熟期雨水过多,会引起葡萄果实糖分降低,着色不良,品质低劣,且容易出现裂果,严重影响果实品质。同时,高温高湿也是葡萄病害增多的主要原因。

土壤水分条件的剧烈变化,会对葡萄产生不利影响。长期干旱,突然大量降雨,极易引起裂果,果皮薄的品种尤为突出。因此,葡萄要根据土壤干湿情况适时适量灌排水,使土壤水分含量保持适宜水平。

四、土壤

葡萄根系在土壤中的垂直分布最密集的范围是 20 ~ 80 cm,随着气候、土壤类型、地下水位和栽培管理的不同,根系分布也有所不同。

葡萄对土壤的适应性较强,除了沼泽地和重盐碱地不适宜生长,其余各类型土壤都能栽培。葡萄最适宜的土质是疏松、肥沃、通气良好的沙壤土和砾质壤土。葡萄对土壤酸碱度的适应幅度较大,一般在 pH = 6.0 ~ 7.5 时葡萄生长最好。南方丘陵山地黄红壤土壤 pH < 5 时,对葡萄生长发育有影响。海滨盐碱地 pH > 8 时,植株易产生黄化病(缺铁等)。排水、通气良好的沙壤土有利于葡萄的生长发育,土壤中可溶性钙含量大于 20% 时,葡萄容易出现缺铁失绿症。因此,要重视对土壤的改良,增施有机肥,提高土壤中的微生物活动和有机质的含量。

第三章 葡萄最新优良品种

葡萄品种的分类有多种方法,常按照品种、用途不同分类,可分为鲜食葡萄品种、酿酒葡萄品种、制干葡萄品种、制汁葡萄品种及优良葡萄砧木等。

第一节 鲜食葡萄品种

鲜食葡萄品种要求果实外形美观、品质优良,果穗不掉粒,适于运输,且适于储藏;果穗中大、紧密度适中;品种抗病性强,易于管理,成熟时整齐一致。目前,对鲜食葡萄品种的育种目标是大粒、优质、抗病、无核、适应不同生态区。我国现在主栽的鲜食葡萄品种中,白色品种有莎巴珍珠、超宝、维多利亚、金手指、阳光玫瑰及醉金香等,红色品种有夏黑、红巴拉多、粉红亚都蜜、早黑宝、碧香无核、巨峰、户太八号、巨玫瑰、里扎马特、红地球、美人指、红宝石无核、摩尔多瓦及克瑞森无核等。鲜食葡萄品种按成熟期分为极早熟品种、早熟品种、中熟品种、晚熟品种和极晚熟品种等5类。

一、极早熟品种

葡萄从萌芽到果实充分成熟为100~115天,露地栽培约在6月成熟,可称为极早熟品种,如莎巴珍珠、超宝等。

(一)莎巴珍珠

莎巴珍珠属欧亚种,果穗圆锥形,中等大,平均穗重200~250 g,最大穗重700 g。果穗大小整齐,果粒着生中等紧密或较稀。果粒圆形或近圆形,绿黄色,中等大,平均粒重3.2 g,果皮薄、脆。果肉软,汁多,味酸甜,有玫瑰香味,鲜食品质上等。

此品种为极早熟鲜食品种,品质优,喜肥沃土壤,植株生长势较弱或中等。抗逆性中等，较抗寒，抗旱力差。干旱时，常出现大小粒，产量明显降低。成熟期多雨地区易感病，并有裂果，应加强防治。在我国东北、华北、西北等少雨地区均可种植。棚架、篱架栽培均可，宜短梢修剪，肥水条件好时可中、短梢混合修剪。

（二）超宝

超宝由中国农业科学院郑州果树研究所选育，是目前极早熟品种中品质较好的品种。果穗中大，圆锥形，平均穗重 392 g。果粒平均重 5.6 g，短椭圆形或椭圆形，绿黄色，有果粉。果皮中等厚，肉脆味甜，有清香味，品质极上。在郑州地区 7 月初果实成熟，属极早熟品种。极丰产，需加强肥水管理，增强树势。篱架、棚架栽培均可，适合长梢修剪，注意防病。

二、早熟品种

葡萄从萌芽到果实充分成熟为 116～130 天，露地栽培约在 7 月成熟，可称为早熟品种，如维多利亚、夏黑、红巴拉多、京亚、粉红亚都蜜和早黑宝等。

（一）维多利亚

维多利亚属欧亚种，原产地为罗马尼亚，亲本为绯红和保尔加尔。此品种果穗大，呈圆锥形或圆柱形，平均穗重 630 g。果粒着生中等紧密，果粒长椭圆形，绿黄色，果粒大，平均粒重为 9.5 g。果肉硬而脆，味甜，爽口。植株生长势中等，结果枝率高，结实力强。抗灰霉病力强，抗霜霉病、白腐病力中等。果实不易脱落，在树上挂果期长，较耐运输。

此品种为早熟鲜食品种，鲜食品质极优。优点是形美诱人，品质好，丰产，较为抗旱，可在干旱或半干旱地区种植。篱架或小棚架栽培均可，以中、短梢修剪为主。缺点是含糖量较低，口味偏淡。

（二）夏黑

夏黑别名夏黑无核（图3），欧美杂种，原产地为日本，亲本为巨峰和无核白，三倍体。2003 年正式由徐卫东发表文章命名为夏黑，并在全国推广种植。

果穗大小整齐，呈圆锥形，部分有双歧肩，平均穗重 415 g。果粒近圆形,紫黑色或蓝黑色,果粒着生紧密或极紧密,平均粒重 3 g。果皮厚而脆,微酸,无涩味。果实有浓草莓香味,无核,可溶性固形物含量可达 20% ~22%,果汁紫红色。植株生长势极强,抗病力强,不裂果,不落粒。

此品种的优势是早熟、丰产、无核、高糖、脆肉、有香味,鲜食品质上等,且是集易着色、抗病、耐运输于一体的优良鲜食品种,在早熟品种中综合性状十分优异。经赤霉素处理,平均穗重达 608 g,最大穗重 940 g,果粒可增大 1 倍以上;夏黑在控产情况下,糖度可轻松达到 18 以上;其生长势强,能够适应多种气候、光照条件和土壤环境,因此适合在全国各葡萄产区种植。

(三)红巴拉多

红巴拉多原产地为日本,由日本山梨县的米山孝之氏于 1997 年杂交培育,2009 年引入我国。果穗大,平均穗重 800 g,最大 2 000 g 左右。果粒大小均匀,平均粒重 8 g 左右,着生中等紧密,果粒椭圆形。果皮鲜红色,皮薄肉脆,含糖量高,口感好。花芽分化良好,极为丰产。产量偏高时,着色不良。

栽培时可作为早熟主栽品种或主栽品种的搭配品种,生产上应严格控制产量,增施有机肥,在生长后期适当控制水分供应,以促进果实较好着色。

(四)京亚

京亚是由中国科学院植物研究所北京植物园从黑奥林的实生后代中选出的四倍体巨峰系品种。果穗中等大,圆锥形或圆柱形,平均穗重 470 g。果粒椭圆形,紫黑色,平均粒重 9 g。果皮中等厚,果肉较软,味甜多汁,略有草莓香味。成熟较一致,在郑州地区 7 月中旬浆果完全成熟,比巨峰早熟 14 ~18 天。

生长势较强,枝条成熟度较巨峰好,果粒大小均匀,较耐储运。篱架、棚架均可栽培。花前 5 ~7 天在结果枝最上花序前 5 ~7 片叶处摘心,并抹除副梢,营养枝留 15 ~ 18 片叶摘心。每亩控制产量 1 500 ~3 000 kg,保证稳产和优质。

(五)粉红亚都蜜

粉红亚都蜜属欧亚种,由日本于1990年育成登记,1995年引入我国。果穗圆锥形,平均穗重750 g。果粒着生中密,长椭圆形,平均粒重9.5 g。果皮紫黑色,产量较高时为淡红色,上色整齐,果肉硬而脆,汁液中等多,味甜,有浓玫瑰香味,品质佳,7月中旬浆果完全成熟。

该品种生长势强,抗病、适应性强,产量高,综合性状优良。适于排水良好、土壤肥沃的沙壤土栽植,采取以磷、钾肥为主,氮肥为辅的原则施肥。

(六)早黑宝

早黑宝由山西省农业科学院杂交选育,亲本为瑰宝和早玫瑰。种子用秋水仙素处理,获得四倍体植株。此品种为早熟品种,一般7月下旬成熟。花芽分化较好,丰产、稳产,但是容易产生无核小粒果,产量不稳定。果穗圆锥形,穗重500 g左右,果粒着生紧密,较耐储运。果粒椭圆形,单粒重6.6 g。果皮紫黑色,果肉硬脆、爽口,有浓玫瑰香味,无酸味,口感好,无裂果。当年定植长势一般偏弱,随着树龄不断增加,生长势逐渐转为中庸。适于我国北方干旱、半干旱地区种植,在设施栽培中早熟特点尤其突出。

(七)碧香无核

碧香无核叶片心形,3~5裂,叶脉紫红色;新梢黄绿色带紫红,幼叶浅紫红,无茸毛;一年生枝红褐色,节间短;两性花,绿色。果穗圆锥形带歧肩,平均穗重600 g,穗形整齐;果粒圆形,黄绿色,平均粒重4 g;果皮薄,肉脆,无核,口感好,品质上乘;可溶性固形物含量为22%,含酸量为0.25%,为极早熟品种,开花至浆果成熟需60天左右。露地栽培5月上旬萌芽,6月上中旬开花,8月上中旬浆果成熟,设施栽培6月上中旬可成熟。生长势中庸,萌芽率为75%~80%,结果系数1.7~1.8。抗寒、抗病力较强。较丰产,盛果期每亩产量可达3 300 kg。

三、中熟品种

葡萄从萌芽到果实充分成熟的天数为131~145天,露地栽培约在8月成熟,可称为中熟品种,如巨峰、户太八号、金手指、巨玫瑰、里扎马特、阳光玫瑰、醉金香、藤稔和碧香无核等。

（一）巨峰

巨峰属欧美杂种，原产地为日本。果穗较大，大小整齐，果粒着生中等紧密，呈圆锥形，带副穗，平均穗重400 g。果粒大，呈椭圆形，紫黑色平均粒重8.0 g。果皮较厚，有涩味。果肉软，有肉囊，汁多，有草莓香味。可溶性固形物含量为16%以上，鲜食品质中上等。植株生长势强，抗逆性较强，抗病性较强。

此品种为中熟鲜食品种，是我国栽培范围最广、面积最大的鲜食葡萄品种。穗大、粒大，但是落花落果严重。栽培上需要控制花前肥水，并及时摘心，整形花穗，均衡树势，控制产量。

（二）户太八号

户太八号属欧美杂种，是由西安市葡萄研究所引进的奥林匹亚早熟芽变品种。果穗圆锥形，平均单穗重500～800 g。果粒着生较紧密，果粒大，近圆形，紫黑色或紫红色，酸甜可口。果粉厚，果皮中厚，果皮与果肉易分离，果肉细脆，无肉囊。每果1～2粒种子，平均粒重9.5～10.8 g，可溶性固形物16.5%～18.6%。

口感好，香味浓，外观色泽鲜艳，耐储运。多次结果能力强，生产中一般结2次果。该品种7月上中旬成熟，从萌芽到果成熟95～104天，成熟期比巨峰早15天左右。树体生长势强，耐低温，不裂果，成熟后在树上挂至8月中下旬不落粒。耐储性好，常温下存放10天以上，果实完好无损。对黑痘病、白腐病、灰霉病、霜霉病等抗性较强。

（三）金手指

金手指属欧美杂种，原产地为日本，亲本为美人指和Seneca，因果实的色泽与形状命名为金手指。果穗中等大，长圆锥形，着粒松紧适度，平均穗重445 g，最大980 g。果粒长椭圆形至长形，黄白色，平均粒重7.5 g，最大可达10 g。每果含种子多为1～2粒。果粉厚，极美观，果皮薄，可剥离，可以带皮吃。含可溶性固形物21%，有浓郁的冰糖味和牛奶味，品质极上，商品性高。不易裂果，耐挤压，储运性好，货架期长。

8月上中旬果实成熟，比巨峰早熟10天左右，属中早熟品种。抗寒性强,成熟枝条可耐 - 18 ℃左右的低温。抗病性强,按照巨峰系品种的常规防治方法即无病虫害发生。抗涝性、抗旱性均强,对土壤、环境要求不严格,全国各葡萄产区均可栽培。

(四)巨玫瑰

巨玫瑰属欧美杂种,由大连市农业科学研究院以沈阳玫瑰和巨峰作为亲本育成。果穗大,呈圆锥形并带副穗,平均穗重 675 g。果穗大小整齐,果粒着生中等紧密。果粒较大,为椭圆形,紫红色,平均粒重10.0 g。果皮中等厚,果肉较软,味酸甜,有浓郁玫瑰香味。可溶性固形物含量为 19% ~25%,鲜食品质上等。

植株生长势强,幼树期应控制树势。浆果晚熟,抗逆性强。枝条红褐色,两性花,四倍体。外观美,成熟一致,品质优良。抗病力较强,生长后期应注意防治霜霉病。在巨峰系品种栽培区均可种植,宜棚架栽培,单株单蔓或双株双蔓龙干形整枝均可,以短梢修剪为主。

(五)里扎马特

里扎马特属欧亚种,原产地为苏联。果穗极大,呈圆锥形或分枝形,平均穗重 1 350 g。果粒着生疏松或中等紧密,果粒极大,平均粒重12 g,呈长圆柱形或长椭圆形。玫瑰红色,充分成熟紫红色,果皮薄,无涩味,果肉质脆、汁多、味酸甜。可溶性固形物含量为 16.2%,在新疆含糖量可达 19.2%,鲜食品质极优。

此品种为中熟鲜食品种。因其果皮薄、色泽鲜艳、果形美丽、果肉脆甜、风味极优而闻名于世。它是我国目前栽培面积较大的二倍体大穗、大粒鲜食葡萄品种之一,但在有些地区表现为抗病力较弱,植株生长势中等或偏强。8 月下旬浆果成熟,抗寒力较强,抗病性中等或弱。多雨的年份或在土壤黏重地区栽培,有轻微裂果,浆果不耐储运。适合半干旱、干旱地区栽培。宜采用大棚架栽培,以长梢修剪为主,中、短梢混合修剪为辅。

(六)阳光玫瑰

阳光玫瑰又名耀眼玫瑰,为欧美杂交种,原产地为日本,2007 年引入我国。该品种果穗圆锥形,穗重 600 g 左右,大穗可达 1 800 g 左右,激素处理以后平均果粒重可达 8 ~12 g。果粒着生紧密,椭圆形,黄绿色,果面有光泽,果粉少。果肉鲜脆多汁,有玫瑰香味,可溶性固形物含量为20%左右,最高可达26%,鲜食品质极优,可以成为葡萄产业的更新替代推广品种之一。

植株生长旺盛,长梢修剪后很丰产,可进行短梢修剪。与巨峰相比,该品种较易栽培,挂果期长,成熟后可以在树上挂果长达2~3个月。不裂果,耐储运,无脱粒现象。肉质硬脆,不裂果,可无核化处理。成熟期晚于一般中熟品种。

(七)醉金香

醉金香属欧美杂种,原产地为中国,由辽宁省农业科学院园艺研究所以亲本7601(玫瑰香芽变)和巨峰杂交育成。果穗大,呈圆锥形,平均穗重801.6 g。果穗大小整齐,果粒着生紧密。果粒大,呈倒卵圆形,金黄色,平均粒重12.97 g。果皮中等厚,脆。果肉软,汁多,味极甜,有茉莉香味。可溶性固形物含量为18.35%,总糖含量为16.8%,鲜食品质优。

此品种为中熟鲜食品种,植株生长势强,抗逆性和抗病虫力均强。穗大,粒大,整齐,紧密。果粒金黄色,含糖量高,具浓郁茉莉香味,品质极上。树势强、丰产,果实过熟易脱粒。幼树宜保持中庸偏强树势,结果树需要充足肥水。适宜在吉林、辽宁、华北、华中、华南、西北等地栽植,可在近郊发展。棚架、篱架栽培均可,宜双蔓整形,以中、短梢修剪为主。

(八)藤稔

藤稔别名乒乓球葡萄、乒乓葡萄,欧美杂种,属于巨峰系第三代特大粒葡萄新品种。原产地为日本,亲本为红蜜(井川682)和先锋(Pione)。上海市农业科学院园艺研究所与中国科学院植物研究所北京植物园同期从日本引入我国。浙江、江苏、上海等地有大面积栽培,辽宁、河北、山东、河南、福建等地均有栽培。

果穗中等大,呈圆柱形,穗长15~20 cm,平均穗重400 g。果粒着生中等紧密,呈短椭圆或圆形,紫红色,平均粒重12 g以上。果皮中等厚,有涩味,果肉中等脆,有肉囊,汁中等多,味酸甜。可溶性固形物含量为16%~17%。鲜食品质中上等。

此品种为早中熟鲜食品种。利用保护地栽培,不仅能提早成熟,扩大供应期,而且显著提高经济效益。果粒特大,形美色艳,品质优良,商品性高,深受市场和消费者欢迎。结果早,花期耐低温和闭花受精能力强,连续结果能力强,丰产稳产。树势较巨峰弱,自根根系不如巨峰的发达,宜用嫁接苗定植,砧木可用华佳 8 号、5BB、SO4 等。施肥总量和次数要多于巨峰。需严格疏穗、疏粒和用允许的激素增大果粒,以提高商品性。在我国南北各地均可种植,棚架、篱架栽培均可,宜中梢修剪。

四、晚熟品种和极晚熟品种

晚熟葡萄从萌芽到果实充分成熟的天数为 146～160 天,露地栽培9 月成熟的品种,如红地球、圣诞玫瑰、美人指、红宝石无核、摩尔多瓦等。极晚熟葡萄从萌芽到果实充分成熟的天数为 161 天以上,露地栽培 9 月以后成熟,如克瑞森无核等。

(一)红地球

红地球属欧亚种,原产地为美国。果穗极大,呈长圆锥形,平均穗重 1 200 g。果粒圆球形或卵圆形,平均粒重 16 g,无明显大小粒现象,着生松紧适度。果皮稍薄或中等厚,多为暗紫红色,果粉不易脱落。在西北地区能达到紫红色或红色。果皮与果肉紧连,果肉硬脆,汁多,味香甜,品质优良。果刷粗而长,果实耐拉力强,不易脱粒,极耐储运。早果性强,定植第二年即开花结果。抗寒性中等,抗旱性较强,无雨或少雨地区,只要能正常灌水,生长和结果都很正常。炎热季节要注意防止果实日灼(日烧)病的发生。红地球抗病性稍弱,要注意提前预防黑痘病、霜霉病、白腐病、炭疽病。应疏花疏果,控制产量。宜棚架栽培,适合以中梢为主的长、中、短梢混合修剪。

(二)圣诞玫瑰

圣诞玫瑰又叫秋红,欧亚种,原产地为美国,1987 年引入我国,1995 年通过品种审定。嫩梢紫红色,一年生枝条深褐色,无茸毛。叶片 5 裂,锯齿大而锐。果穗较大,呈长圆锥形,平均穗重 882 g。果穗大小较整齐,果粒着生较紧密。果粒大,长椭圆形,深紫红色,平均粒重 7.3 g。果皮中等厚,果肉细腻,硬脆,可削片,风味浓,味酸甜,稍有玫瑰香味。总糖含量为 15% ~ 16% ,可滴定酸含量为 0.5% ~ 0.6% ,鲜食品质上等。

郑州地区 4 月中旬萌芽,5 月中旬开花,10 月中下旬成熟,从萌芽到果实完全成熟需 190 天左右,属于极晚熟品种。

该品种生长势中等,较丰产,第三年生产量可达 520 kg/亩。抗病性较强,耐寒,对土质、肥水要求不严。穗大、粒大、着色鲜艳、品质好、极丰产;果刷大而长,果粒附着牢固,极耐储运,是一个优良鲜食葡萄品种,可推广发展。

(三)美人指

美人指属欧亚种,原产地为日本,亲本为优尼坤和巴拉蒂。果穗中等大,呈长圆锥形,穗重 300 ~ 750 g。果粒极大,平均粒重 15 g。果形特别,呈指形,先端紫红色,基部为淡黄色到淡紫色。果肉脆甜爽口,品质极好,耐储运。

此品种为晚熟鲜食品种。果粒细长或呈弯钩状,先端鲜红色至紫红色,光亮,基部稍淡,外观奇特艳丽,稍有裂果。果肉硬脆,可切片,果实成熟后可留树保存,可溶性固形物含量能提高到 21% ~ 23%。新梢长势粗壮,直立性强,易旺长,枝条不易老化,易感染蔓割病。本品种篱架、棚架栽培均可,适合中长梢修剪,注意防病,少施氮肥,多施磷、钾肥。注意果实套袋,提高果实的商品性。

(四)红宝石无核

红宝石无核属欧亚种,原产地为美国。果穗大,呈长圆锥形,平均穗重 450 g。果穗大小较整齐,果粒着生中等紧密或紧密。果粒卵圆形,鲜红色或紫红色,中等大,平均粒重 4.1 g。果皮薄,较脆。果肉硬脆,汁多,味酸甜,有玫瑰香味。种子不发育,可溶性固形物含量为 15.0% ,鲜食品质上等。

此品种为晚熟鲜食无核品种,植株生长势强。在无核品种中,此品种穗大、粒较大,外观和品质均较好,较耐储运。要注意防治黑痘病等真菌性病害。由于成熟期遇雨易裂果,应注意适时排灌,保持土壤湿度稳定。抗病性中等,适宜在成熟期少雨的地区栽培。棚架、篱架栽培均可,以中、短梢修剪为主。

(五)摩尔多瓦

摩尔多瓦葡萄是由摩尔多瓦共和国葡萄育种家通过杂交选育出的晚熟抗病品种,1997年引入我国。果穗圆锥形,果粒着生中等紧密,平均穗重650 g。果皮蓝黑色,着色非常整齐一致,果粉厚,平均粒重9 g。无香味,品质中等,果肉柔软多汁,可溶性固形物含量为16.0% ~ 18.9%。果实先转色后增甜,属于中晚熟品种,极耐储运。

生长势强或极强,新梢年生长量可达3~4 m,但成熟度好。该品种果粒非常容易着色,散射光条件下着色很好,而且整齐。在架面下部及中部光照差的部位均可全部着色,全穗着色均匀一致。结实力极强,每结果枝平均果穗1.65个,丰产性强。

(六)克瑞森无核

克瑞森无核属欧亚种,原产地为美国,是目前最晚熟的无核品种。果穗中等大小,呈圆锥形,有歧肩,平均穗重500 g。果粒着生中等紧,果粒亮红色,充分成熟时为紫红色,果面有较厚的白色果霜,中等大,平均粒重4 g。果实无核,果皮中等厚,果肉较硬,浅黄色,不易与果肉分离,可溶性固形物含量为19%,品质极佳。

在库尔勒地区4月上旬萌芽,5月中旬开花,7月下旬果实转色,9月中下旬果实成熟,从萌芽至果实成熟约160天。克瑞森无核品质极优,植株生长势极强,生产上应注意防止枝条生长过旺。适应性强,抗病性强。对赤霉素和环剥处理较为敏感,可以促进果粒膨大。适合棚架和"高、宽、垂"架栽培,宜中、短梢结合修剪。

(七)玫瑰香

玫瑰香属欧亚种,原产地为英国。此品种现广泛分布在全国各葡萄产区。在安徽省萧县及河北昌黎县凤凰山、五里营一带栽培已有数十年的历史。

果穗中等大,呈圆锥形间或带副穗,平均穗重368 g,果粒着生中等密。果粒中等大,呈椭圆形,紫红色或黑紫色,平均粒重5 g。果粉厚,果皮中等厚,有涩味。果肉致密而稍脆,汁中等多,味甜,有浓玫瑰香味。可溶性固形物含量为17.7% ~ 21.6%,可滴定酸含量为0.506% ~ 0.966%,出汁率为75%以上。鲜食品质极优。用其酿制的酒,酒色较浅,风味尚可,在陈酿过程中香味会逐渐消失,酒体变薄,口味变淡。

此品种是晚熟鲜食品种。果实品质极优,具有浓玫瑰香味,深受广大消费者喜爱,近年来又利用它作为酿酒原料。扦插繁殖容易成活,进入结果期早,结实力强。隐芽萌发的新梢和夏芽副梢结实力均强,1~3次副梢,甚至于4次副梢均能结果。进入结果期早,一般定植第2年开始结果,并易早期丰产。浆果晚中熟,耐运输和短时期的储藏。耐盐碱,不耐寒。管理不好,易落花、落果和果粒大小不齐,应及时夏剪和严格控制负载量。喜肥水,宜选择排水良好、富含有机质的土壤栽植。对气候条件的选择较严格,适合在温暖、雨量少的气候条件下种植。棚架、篱架栽培均可,以中、短梢修剪为主。抗病害力弱,在高温、高湿或多雨的气候条件下易发生黑痘病和霜霉病。在肥水供给不足、结果过多时,果穗易产生"水罐子"。使用浓度过高的波尔多液,幼叶易产生药害。

(八)瑞必尔

瑞必尔别名黑提,属欧亚种,由中国农业科学院郑州果树研究所从美国引入我国。在山东、河南等地有广泛栽培。

果穗较大,呈圆锥形,带副穗,平均穗重400 g。果穗大小整齐,果粒着生中等紧密。果粒椭圆形,蓝黑色,中等大,平均粒重5.7 g。果粉厚。果皮厚。果肉肥厚,脆,汁较多,味酸甜,风味浓。可溶性固形物含量为16.9%,可滴定酸含量为0.50%~0.65%。果实耐储运。鲜食品质中上等。

植株生长势强。副芽结实力较强,副梢结实力强,二次果能正常成熟。早果性好,一般定植后第2年即可结果。适应性较强,耐寒,对土质和肥水要求不严。抗病力中等,抗感黑痘病力弱。此品种为晚熟鲜食品种。品质较好,极耐储运。它是近年来重点推广的品种之一。应控产栽培和加强病害防治,尤其是要加强黑痘病的防治。适合我国中部以北和西部产区种植。宜棚架或小棚架栽培,篱架栽培时应适当加大行株距,以短梢修剪为主。

第二节 酿酒葡萄品种

一、红葡萄酒酿酒品种

(一)黑比诺

黑比诺属欧亚种,为比诺系列品种之一,原产于法国,栽培历史悠久。我国于20世纪80年代引进,在北京、河北、河南、山东、陕西、辽宁等地均有栽培。

果穗圆柱形或圆锥形,较小,副穗大,紧密,平均穗重170 g。果粒中等大小,圆或椭圆形,平均粒重1.8 g,果实紫黑色,果皮较厚,果肉软,果汁多,味酸甜。果实出汁率为78%,果汁颜色为浅宝石红色,澄清透明。可溶性固形物含量为15.5%~20.5%,含酸量为0.65%~0.85%。带皮发酵可配制出品质优良的干红葡萄酒;去皮发酵酿成的酒,色淡黄,有悦人和谐的果香和香槟酒的香气,酸涩恰当,柔和爽口,余香味清晰,回味绵延。该品种也是酿造香槟酒和干白葡萄酒的优良品种,如与白比诺、白羽、龙眼等品种搭配酿造,则可酿制出优异酒质的香槟酒和干白葡萄酒。

该品种生长势中庸偏弱,结果较早,成花和坐果率都较高,不裂果,无日灼。在北京地区9月中旬果实成熟,成熟期一致。结实能力较强,产量中等。适于篱架栽植和中梢修剪。抗寒、抗旱力都较强。适当密植、增加负载量,可提高产量。适合种植于偏寒的气候,且石灰黏土的山坡地,以及含磷、钾高的砾质或砂质壤土。

(二)佳利酿

佳利酿属欧亚种,原产于西班牙。12世纪传入法国,在法国南部栽培历史悠久,是主要品种之一。1929年,从法国传入河北,后在全国各地曾广泛栽培。

果穗歧肩圆锥形或带副穗,中等大或大,平均穗重369.5 g。果粒着生紧密或极紧。穗梗极短。果粒椭圆形,紫黑色或黑紫色,中等大,平均粒重2.9 g。果粉和果皮均厚。可溶性固形物含量为13.9%~

16.5%,可滴定酸含量为1%,出汁率为79.4%~81.1%。

植株生长势强。隐芽和副芽萌发力均弱。夏芽副梢结实力极强。果实9月底10月初成熟。耐涝、抗旱,但抗寒力较弱,抗霜霉病较强,不抗黑痘病、白腐病,果实未着色前易产生日灼。

该品种是酿造红葡萄酒的优良品种,曾是烟台酿酒葡萄基地的主栽品种之一,对肥水条件要求较高,果实着色前要多施磷、钾肥,在有的地区抗病虫害能力弱,需加强防治。

(三)赤霞珠

赤霞珠属欧亚种。原产地为法国波尔多,是栽培历史最悠久的欧亚种葡萄之一。1892年,烟台张裕集团有限公司从法国首次引入。赤霞珠在世界上广泛栽培,是全世界最受欢迎的黑色酿酒葡萄,生长容易,适合多种不同气候,较抗寒,抗病性强,已于各地普遍种植。目前,面积居我国酿酒红葡萄品种的第一位。

果穗圆柱形或圆锥形,带副穗,果穗小,平均穗重175 g。果粒着生中等紧密,平均粒重1.3 g,圆形,紫黑色,有青草味。可溶性固形物含量为16.3%~17.4%,含酸量为0.71%。在山东济南地区10月上旬成熟。植株长势中等,结实力强,易早期丰产,产量较高。

由它酿制的高档干红葡萄酒,淡宝石红,澄清透明,具青梗香,滋味醇厚,回味好,品质上等。

(四)梅鹿辄

梅鹿辄属欧亚种。原产地为法国波尔多,是近代著名的酿酒葡萄品种。目前,在我国各地普遍栽培,居我国酿酒红葡萄品种的第二位。

果穗歧肩圆锥形,带副穗,中等大,平均穗重189.8 g,穗梗长。果粒着生中等紧密或疏松。果粒短卵圆形或近圆形,紫黑色,平均粒重1.8 g。果皮较厚,色素丰富。可溶性固形物含量为20.8,可滴定酸含量为0.71%,出汁率为74.6%。结果早,极易早期丰产。果实9月中旬成熟。

该品种抗病性较强,但适应性弱,喜土壤肥沃,可重点在西北地区推广,因自根根系垂直生长能力弱,应采用嫁接苗木,适合篱架栽培。

该品种适合酿制干红葡萄酒和佐餐葡萄酒。经常与赤霞珠等优质酒勾兑,以改善成品酒的酸度,促进酒的早熟。

二、白葡萄酒酿酒品种

(一)雷司令

雷司令属欧亚种。原产地为德国,是德国酿制高级葡萄酒的品种。常被用作鉴定其他白葡萄酒品种的标准品种。

果穗圆锥形带副穗,少数为圆柱形带副穗,中等大或小,平均穗重190 g。果粒着色极紧密。果粒近圆形,黄绿色,有明显的黑色斑点,果粉和果皮均中等厚,中等大或小,平均粒重2.4 g。可溶性固形物含量为18.9%~20%,可滴定酸含量为0.88%,出汁率为67%。

植株长势中等。副梢结实能力强。早果性较好,丰产,应控制负载量。果实9月下旬成熟。抗寒性强,耐干旱和瘠薄,但抗病力较弱,易感毛毡病、白腐病和霜霉病,需加强防治。

该品种是世界著名的酿酒葡萄品种。用它酿制的葡萄酒,酒体浅金黄微带绿色,澄清透明,果香浓郁,醇和协调,酒体丰实、柔细爽口,回味绵长。

(二)霞多丽

霞多丽属欧亚种,为早熟型白色酿酒品种。原产地为法国勃艮第。它以清爽的果香和平衡的结构为特色,在我国各主要葡萄产区均有栽培。

果穗歧肩圆柱形,带副穗,小,平均穗重142.1 g。果粒着生极紧密。果粒近圆形,绿黄色,小,平均粒重1.4 g。果皮薄、粗糙。可溶性固形物含量为20.3%,可滴定酸含量为0.75%,出汁率为72.5%。

植株生长势强。早果性好,结实力强,极易早期丰产。9月上中旬果实成熟。该品种适应性强,极易栽培,但抗病力中等,较易感白腐病,应加强病虫害防治。

该品种是世界著名的酿酒品种,主要用于酿造高档白葡萄酒和香槟酒,其酒呈淡柠檬黄色,澄清、幽雅,果香微妙悦人。

第三节　制干葡萄品种

一、无核白

无核白属欧亚种。原产于小亚细亚。在我国栽培历史久远,西晋时(公元3世纪左右),新疆和田一带就有栽培,是我国古老的葡萄品种,为新疆的主栽品种。

果穗歧肩长圆锥形或圆柱形,大,平均穗重227 g。果穗大小不整齐,果粒着生紧密或中等紧密。果粒椭圆形,黄白色,中等大,平均粒重1.2~1.8 g。果粉及果皮均薄而脆。果肉淡绿色,脆,汁少,白色,半透明,味甜。可溶性固形物含量为21%~25%,可滴定酸含量为0.4%。鲜食品质上等。制干品质优良,在吐鲁番地区出葡萄干率为23%~25%。

植株生长势强,早果性差。一般定植4~5年开始结果。在新疆吐鲁番地区,果实8月下旬成熟。抗旱、抗高温性强,抗寒性中等,抗病性中等。要求高温、干燥、光照充足的气候条件。宜在西北、华北等地区种植。

此品种为晚熟鲜食、制干兼用无核品种。鲜食、制干品质优良,也可制罐、酿酒,酿酒品质一般。

二、京早晶

京早晶由中国科学院植物研究所北京植物园于1984年育成。亲本是葡萄园皇后和无核白。2001年通过北京市审定。

果穗大,圆锥形,平均穗重428 g。果粒着生中等紧密,平均粒重2.5~3 g,卵圆形,绿黄色。果皮薄、肉脆、汁多、无核,酸甜适口,充分成熟后略有玫瑰香味,可溶性固形物含量为16%~20%,可滴定酸含量为0.47%~0.62%,品质上等,既是鲜食的美味佳果,又是制干、制罐的原料。7月下旬果实充分成熟。

植株生长势强,宜采用中长梢修剪,最好以棚架栽培。产量中等,副梢结实力低。发根力强,抗病力中等。喜肥,多施有机肥,追肥以补充磷、钾肥为主。果刷较短,宜适时采收。适宜北京地区,特别是干旱、半干旱地区栽培。

三、新葡3号

新葡3号又名昆香无核,外形美观,品质优良,风味独特。果粒外观美丽,椭圆形,晶莹透明,黄绿色,果粉中厚。酸甜适口,具有浓郁的玫瑰香味,而且制成干果后,香味仍能保持。既是一个优良的鲜食品种,又是一个制香型葡萄干的特色品种。新葡3号无核、粒大、穗大、丰产,耐寒、耐旱、耐瘠薄。不喷赤霉素粒均重比无核白大1倍,为2.73 g,喷赤霉素后粒重达5~8 g。果穗大而整齐,平均穗重700 g,最大穗重1 400 g。经多年试验栽培,丰产性能稳定,第三年以后每亩稳产在1 500 kg以上。

第四节 制汁葡萄品种

葡萄汁是世界著名的软饮料,具有很高的营养价值,酸甜可口,具有强身、利尿、消除血管胆固醇、分解油脂和延缓脂肪累积等功效。世界上用于制汁的葡萄品种繁多,不同葡萄品种表现出不同的风味、外观和加工特性。

一、康可

康可属美洲种,原产于北美。美国人蒲尔氏子于1843年从野生的美洲葡萄实生苗中选育而出。我国于1871年从美国引进,现在国内科研单位有零星种植。

果穗圆柱形或圆锥形,多带副穗,小,平均穗重220 g。果穗大小整齐,果粒着生中等紧密或疏松。果粒近圆形,紫黑色或蓝黑色,中等大,平均粒重3.1 g。果粉厚,果皮中等厚而坚韧。可溶性固形物含量16.6%,出汁率72%。

植株生长势中等,早果性好,产量中等。在河北昌黎地区,果实9

月上旬成熟。果实不耐储运。适应性强,抗寒、抗旱,耐潮湿,不裂果,抗霜霉病、毛毡病、黑痘病和白腐病能力强,抗炭疽病力中等。适宜棚架、篱架栽培,宜中、短梢修剪。

该品种是世界著名的晚熟制汁品种。浆果有较浓的麝香味,不宜鲜食。用它制成的葡萄汁,加热后不变色,有特殊香味,并能长期保持,在储存过程中变色慢。

二、康拜尔早生

康拜尔早生属欧美杂种,原产于美国。在我国东北地区有较多栽培,在陕西、江苏和安徽等地有少量栽培。

叶片心脏形,披茸毛,较密。果穗圆锥形带副穗,中等偏大,平均穗重 445 g,果穗大小整齐,果粒着生中等紧密。果粒椭圆形,紫黑色,大,平均粒重 5 g。果粉厚,果皮厚而韧,无涩味。果肉紫黑色,味酸甜,有浓草莓香味。可溶性固形物含量为 16%,可滴定酸含量为 0.67%,出汁率为 75%~82%。在辽宁兴城地区,果实 8 月下旬成熟。

植株生长势强,丰产性好。抗寒力强,抗旱力较差,抗盐碱力差,抗病性强。适合在东北寒冷地区和多雨的黄河故道地区及陕西汉中等地种植。

该品种鲜食和制汁品质均中上等。所制葡萄汁,黑紫色,味较酸,香味较差。用其酿制的葡萄酒,棕红色,澄清,果香浓,并具酒香,口感有中药味,但回味不佳。

第五节　优良葡萄砧木

葡萄砧木多来源于野生种,目前世界上常用的葡萄砧木主要来源于河岸葡萄、沙地葡萄和冬葡萄 3 个种。河岸葡萄原产于北美东部,抗寒力强,抗真菌病害和抗根瘤蚜的能力很强,耐湿,耐酸性土壤,我国常用的抗寒砧木贝达就是用河岸葡萄与美洲葡萄杂交育成的;沙地葡萄原产于美国中部和南部,抗根瘤蚜和抗病力很强,抗寒、耐旱;冬葡萄原产于美国南部和墨西哥北部,抗旱、抗根瘤蚜和抗真菌能力强,属矮化砧木,嫁接品种表现为早熟、丰产,品质提高,一些著名的葡萄砧木品种如 5BB、420A、SO4 等就是本种与河岸葡萄的杂交后代。

一、贝达

贝达又名贝特,原产于美国,是美洲葡萄和河岸葡萄的杂交后代。嫩梢绿色,有稀疏茸毛;叶面茸毛稀疏,并有光泽,叶背密生茸毛;一年生成熟枝条浅褐色,节为红紫色;叶片大、尖、全缘或浅 3 裂,叶背有稀疏茸毛,顶端锯齿锐,叶柄绿色,叶柄洼开张呈矢形;卷须间隔性;两性花。果穗中等大,平均穗质量为 147 g,圆锥形或带副穗,果粒着生紧密,中等大,平均粒质量为 1.95 g,近圆形,蓝黑色,味酸甜,稍有狐臭味。

贝达植株生长势极强,适应性广,特耐寒,抗病力强,枝条可忍耐-30 ℃左右低温,根系可忍耐-12 ℃低温,扦插易生根,繁殖容易,与欧美种、欧亚种嫁接亲和力强,目前在我国应用十分普遍。但在盐碱地表现较差,对根癌病抗性也较弱,并易感染病毒,作为鲜食葡萄品种的砧木时,有明显的小脚现象。

二、SO4

SO4 由冬葡萄与河岸葡萄实生选育。原产于德国,由德国 Oppenheim 国立葡萄酒和果树栽培教育研究院从 Telekis 的 Berlandieri-riparia No.4 中选育而成。SO4 命名来自 Selection Oppenheim No.4 的缩写。

梢尖有茸毛,白色,边缘玫瑰红。幼叶有网纹,绿色或黄铜色。成龄叶片楔形,色暗,微黄,叶波纹状,叶缘上卷。叶片全缘或侧裂。锯齿中等锐,凸形,近于平展。叶柄洼开张 U 形。叶柄与叶片结合处粉红色,叶柄和叶脉上有茸毛。新梢有棱纹,节紫色,稍有茸毛,多在节上。枝蔓有细棱纹,光滑,只在节上有茸毛,深赭褐色,节不明显。芽小而尖。花为生理雄性。

生长势旺盛,初期生长极迅速,副梢生长势强。与河岸葡萄相似,利于坐果和提前成熟。根系抗寒力中等,耐干旱,抗盐碱力强,耐石灰质土,可忍耐土壤氯化钠含量 0.04%和有效钙含量 17%~18%,对土壤适应性广。抗病性强,对危害枝条的真菌病害接近于免疫,对根癌病接近于免疫。

嫁接品种结果早,果实成熟也早,稍有小脚现象。抗线虫,产条量大。萌芽力强,根旺盛,易生根,生命力强,利于繁殖。嫁接状况良好。据福建省农业科学院报道,以 SO4 为砧木嫁接栽培藤稔,有明显的增强树势的作用,有利于使树体多年长盛不衰,丰产稳产,还有提高果实品质、提前成熟的作用。

三、5BB

5BB 原名 5BB Selection Kober,源于冬葡萄实生。梢尖弯钩状,有茸毛,白色,边缘玫瑰红。幼叶有网纹状茸毛,黄铜色。成龄叶片楔形,大,平滑,叶缘上卷;上表面几乎光滑无毛,叶脉靠近基部(与叶柄接合处)浅粉色;下表面和叶脉上有稀茸毛。叶浅 3 裂。锯齿凸形,宽,接近平展。叶柄洼拱形。叶柄有极少茸毛,紫色。新梢有棱纹,节部有稀茸毛,紫红色。枝蔓有细棱纹,节部颜色略深,有稀茸毛。节间直,中等长。芽拱形,不显著。雌能花,花序小。浆果小,圆形,黑色。

生长势旺盛,产条量大,生根良好,利于繁殖,并抗线虫。土壤要求不严格,在干旱的沙砾土和湿润的黏土均表现良好,可忍耐 20% 左右的土壤有效钙含量和 0.32%~0.39% 的含盐总量。

四、101-14 Mgt

101-14 Mgt 是河岸葡萄与沙地葡萄的杂交种,1882 年由 Millardet 与 Marquis de Grasset 培育而成。

梢尖灰绿色,有光泽,球形,下表面有茸毛;托叶长,无色。幼叶可折叠,浅黄铜色,叶背的叶脉上有稀茸毛。叶楔形,同河岸葡萄相似,叶平滑,叶色暗,黄绿色,稍凹形,扭曲。叶片光洁无毛,只在叶背的叶脉上有茸毛。叶柄洼呈极开张 U 形。叶柄红色,有棱纹,有稀茸毛,同叶片形成钝角。雌花,花序小,浆果小,圆形,黑色。新梢光洁无毛,有细棱纹,节紫红色,节间短,早期落叶。枝蔓有细棱纹,节上有稀茸毛;树皮红黄色,有浅的纵向条纹;间间中等长,节不十分突出;芽小而尖。

101-14 Mgt 生长势较强,生长周期短,适于早熟品种。该品种适于新鲜、黏性的土壤,抗石灰性土壤(达 9%)。同河岸葡萄相似,根系细,分支多。易生根,易嫁接。

五、抗砧 1 号

抗砧 1 号是中国农业科学院郑州果树研究所于 1998 年用河岸 580 与 SO4 杂交培育而成的。

嫩梢黄绿色带红晕,梢尖闭合。幼叶绿色带红斑,上表面光滑,带光泽。成龄叶肾形,绿色,中等大,上表面泡状突起弱,下表面主脉上有极稀疏茸毛。叶片全缘或浅 3 裂,锯齿两侧直和两侧凸皆有。叶柄洼半开张。叶柄中等长,浅棕红色。卷须间隔着生。枝条暗红色,表面光滑。花雄性。植株生长势强,芽眼萌发率 55%~60%,隐芽萌发力强。在郑州地区,4 月上旬萌芽,5 月上旬开花,花期 5~7 天,7 月上旬枝条开始老化,11 月上旬开始落叶,全年生育期 216 天左右。

经 2002~2010 年连续多年鉴定和区域试验表明,抗砧 1 号砧木耐盐碱(可耐 0.5%NaCl 溶液和 15%饱和石灰水)、高抗葡萄根结线虫、低抗葡萄根瘤蚜;与巨峰、夏黑等葡萄品种嫁接亲和性良好;与自根苗巨峰和夏黑等相比,果穗质量、果粒大小、果实颜色、可溶性固形物等果实主要经济性状无显著差异。

六、抗砧 3 号

抗砧 3 号由中国农业科学院郑州果树研究所于 1998 年以河岸 580 和 SO4 杂交选育而成。

植株生长势旺盛,嫩梢黄绿色带红晕,梢尖有光泽。新梢生长半直立,无茸毛,卷须分布不连续,节间背侧淡绿色,腹侧浅红色。成熟枝条横截面呈近圆形,表面光滑,红褐色,节间长 12.4 cm。冬芽黄褐色。幼叶上表面光滑,带光泽。成龄叶肾形,绿色,全缘或浅 3 裂,泡状突起弱,下表面主脉上有密直立茸毛,锯齿两侧直和两侧凸皆有。叶柄洼开张,V 形,不受叶脉限制。叶柄 11.0 cm,浅棕红色。雄花。产条量高。

生根容易、根系发达,耐盐碱,高抗葡萄根瘤蚜和根结线虫。抗寒性强于巨峰和 SO4。土壤适应性广,适应河南省各类气候和土壤类型,在不同产区均表现出良好的适应性。与巨峰、红地球、香悦、夏黑等葡萄品种嫁接亲和性良好,与常用砧木品种贝达和 SO4 相比,对巨峰、红地球、香悦和夏黑等接穗品种的穗质量、粒质量、可溶性固形物和果实风味等主要果实经济性状无明显影响。

七、抗砧 5 号

抗砧 5 号是由中国农业科学院郑州果树研究所于 1998 年以贝达为母本、420A 为父本杂交选育而成的砧木品种。

嫩梢黄绿带浅酒红色。幼叶上表面光滑,带光泽。成龄叶楔形,深绿色,全缘或浅 3 裂,锯齿两侧凸,表面泡状突起极弱,主脉花青素着色浅,下表面主脉上直立茸毛极疏。叶柄洼半开张,V 形。叶柄长,棕红色。卷须间隔。两性花。植株生长势强。每果枝着生花序 1~2 个。果穗圆锥形,无副穗,平均穗重 231 g。果粒着生紧密,圆形,蓝黑色,单果粒重 2.5 g。果粉厚,果皮厚。果肉较软,汁液中等偏少。每果粒含种子 2~3 粒,可溶性固形物含量为 16.0%。

抗砧 5 号生根容易,根系发达,极耐盐碱,高抗葡萄根瘤蚜和根结线虫,适应性广。与巨玫瑰、夏黑和红地球等葡萄品种嫁接亲和性良好。与对照砧木品种贝达相比,对巨玫瑰、夏黑和红地球等接穗品种的穗质量、粒质量、可溶性固形物和果实风味等主要果实经济性状无明显影响。

第四章　葡萄育苗

近年来，随着果品市场的发展、人民生活质量的提高，对果品需求逐步增加，葡萄栽培日渐为人们所重视。加速葡萄优良品种的推广，提高葡萄育苗水平，对葡萄生产、促进果农增收具有重要意义。

第一节　葡萄扦插育苗

扦插育苗是葡萄繁殖的主要方法之一，因其繁殖速度快、方法简单、操作容易、成活率高，不需要设施条件也可完成，在葡萄生产中被广泛采用。

一、苗木选择

选择品种纯正、生长健壮、抗病毒、耐寒、丰产性好的无毒苗木。

二、整地与营养钵准备

选择交通便利、靠近水源、地势平坦的苗圃地为佳，土壤宜疏松，富含腐殖质。根据品种划分小区，防止品种混杂。

扦插前，对土壤表层进行深翻 25 cm 以上。施入腐熟鸡粪 30 000 kg/hm^2、油渣 50 kg/hm^2、过磷酸钙 25 kg/hm^2 等。

大棚内土壤消毒可以用 0.2%~0.4% 高锰酸钾溶液消毒处理，或将棚膜压严，连续处理 7~10 天，天晴时可达 70~80 ℃，即可杀死病菌和害虫。

用营养钵育苗，营养土的配置比例为，园土、细沙和草炭按 4：4：1 混合，并加入适量的多菌灵和百菌清，搅拌均匀后装入 13 cm×13 cm 的营养钵中，摆放到铺设好的苗床上，并利用硫黄对温室进行熏蒸消毒。

三、插条采集和储藏

(一)硬枝扦插

硬枝扦插的插条采集,结合冬季修剪,选取成熟度高、粗壮、芽体饱满的枝条,且无病虫害、无冻害,根据品种挂牌、捆扎。插条长度1~1.5 m,也可以根据储藏沟的大小进行修剪。

插条的储藏,可利用储藏沟、地窖、恒温库等设施储藏。储藏至第二年春即可使用。

沟藏法技术:储藏过程中要求温度在0℃左右,湿度在80%左右。应选择地势高、排水良好的背阴处。沟的宽度、深度及长度视插条和苗木的数量而定。一般沟深1 m。在沟底铺一层湿沙,约10 cm厚,湿度标准为手握成团,一触即散。然后把成捆的插条平放或竖放在沟内,捆与捆之间、插条与插条之间填以细沙,上面再覆沙或土20~30 cm,寒冷地区可随气温下降逐渐加厚覆土。若土壤黏度过高,可在沟内插草捆,增加透气,以防霉烂。

每隔一个月检查一次,若有霉烂,立即清理晾晒,消毒后继续储藏;若有失水抽干,及时喷水补充。

(二)绿枝扦插

绿枝扦插又称嫩枝扦插。在生长季选择半木质化、直径0.5 cm粗、芽眼饱满的新梢。剪成2~3节长的插条进行扦插。插条上方剪口,距顶芽2 cm平剪,最上一片叶剪留1/2,其余留叶柄剪掉叶片,下剪口在下部芽处斜剪。

四、葡萄催根技术

春季扦插,由于葡萄芽萌发的适宜温度低于插条生根的温度,扦插后,往往先萌芽后生根,而且根生长缓慢。上端萌发的芽需要一定的水分和营养,但由于没有发根,不能从土壤中吸收足够的营养和水分,造成插条因耗尽营养而死亡。因此,葡萄扦插可以采用药剂催根、火炕催根、电热温床催根等方法促进根系生长。

(一)药剂催根

生根粉能通过调控植物内源激素的含量和重要酶的活性,促进生物大分子的合成,诱导植物不定根或不定芽的形成,促进植物代谢,从而提高育苗的成活率,并增强抗性。

速蘸法:将插条浸于生根粉含量为 50～200 mg/kg 溶液中 10 s 后再扦插。

浸泡法:用生根粉处理插条时,其浓度与浸泡时间成反比,即生长素浓度越高,浸泡时间越短;浓度越低,浸泡时间越长。另外,其浓度的配比因植物种类及枝条成熟度不同而异,处理嫩枝浓度比完全木质化的枝条小些,处理难生根品种浓度比易生根品种要大些。插条浸泡时,加入 ABT 生根粉、萘乙酸、吲哚乙酸等促进生根,以提高葡萄扦插的成活率。方法简单、易于操作,不需要特殊的设施,适合春季温度>10 ℃,且温度比较稳定的地区。

(二)火炕催根

葡萄插条顶芽萌发和下端发根所要求的温度条件是不一致的,通常在 10 ℃以上芽眼就萌发新梢,而形成不定根却需要较高温度,一般在 10～15 ℃条件下需一个多月才形成不定根。根据各地的实践经验,温度在 25～28 ℃时,插条生根快,因此生产中常用人工方法降低插条上部芽眼处的温度,提高插条下部生根处的温度,以控制过早发芽,促进早生根,提高葡萄扦插成活率。

火炕结构:炕面下挖 3 道沟,沟深 20 cm、宽 25 cm,中间一条为主烟道,由烧火口延伸至前端,两侧的沟为副烟道,主副烟道相距 30 cm 左右。

操作过程:把浸泡过的插条依次摆在火炕的炕面上,插条的大部分用湿沙埋好,在湿沙外面露一个顶芽。插条捆与捆之间用湿沙隔开,插条间的空隙也用湿沙填实,在火炕上定点插上温度计,以便检查火炕温度。

火炕催根的关键是温度和湿度。床温保持在 25～28 ℃,不要超过30 ℃,湿度保持在 80%,坑面上覆盖农膜,白天要用草帘覆盖,温度最好控制在 15 ℃以下,经过 15 天左右,插条基部形成白色的愈伤组织,有的还长出幼根,这时要停止加温,然后将插条锻炼 2~3 天,就可以到大田扦插。注意插条以催根刚刚形成愈伤组织为度,不要长出幼根,以利成活,经过催根后一般在 5 月上旬扦插。

(三)电热温床催根

电热温床催根的方法设备简单,效率高,温床的温度好控制,目前已被广泛应用于葡萄育苗生产中。电热温床催根法不需温室或者大棚,一般背风处即可设置温床。

电热温床采用电加温线加热,作为葡萄催根的热源,以获得 30 ℃稳定的土温,操作方便,催根效果极好,是工业研究成果在农业上移植应用的成功案例。电热温床应选在冷凉背阴之处,挖床深 40 cm、宽1.2 m、长 5~10 m。床底铺 2~3 cm 厚的锯木屑以防止散热。电热温床也可设置在常温室内或塑料大棚中。根据育苗数量,确定布线面积(一般电热温床功率密度为 80 W/m²),然后安装喷灌设备。电热线两头接在控温仪上,感温头插在床内插条的基部,也可以在床上插上温度计,直接观察温度。整个温床布线后,上面铺 5~6 cm 厚的细土或湿沙,压平。通过控温仪使根际部沙温达到 25 ℃左右。10~15 天绝大部分插条可以产生愈伤组织,少数生根。

五、扦插

苗圃地整地,垄高 15~20 cm,株距 10~15 cm。畦内扦插或垄上扦插均可。垄上扦插早春可增加地面受光面积、提高土温,便于中耕除草等作业。扦插要保持苗圃地有足够的温度和湿度,避免插条抽干,这是保证扦插成活的关键。

(一)绿枝扦插

绿枝扦插的时期以 6 月为好,在阴天或晴天的傍晚进行,防止叶片和枝条水分损失过多,降低成活率。扦插时,以 45°~60°斜插入,上面的芽露出床面,覆土,压实,插后立即浇透水并扣遮阴棚。

(二)硬枝扦插

硬枝扦插于第二年春季,气温稳定在>10 ℃时,采用双芽扦插。剪取直径 1 cm 左右、芽眼充实的枝条,其上留两个芽,长 20 cm 左右。插条下端在芽背面斜剪,上端在芽上方>2 cm 平剪,方向一致,100 根一捆。标注品种,放清水中浸 24 h,使其充分吸水。也可挖简易沟,铺塑料袋,放水浸泡插条下端。为了促进生根,可加入生根粉,还可加入杀菌剂。

可铺地膜防止水分蒸发。扦插时需注意,如果先覆地膜后扦插,扦插时先用尖锐的东西扎破地膜,如一次性筷子、木棍等,再将插条插入土壤中,以免插条底部被地膜缠绕,无法吸收水分和养分,不能与土壤直接接触,造成插条不能生根发芽,降低扦插成活率。

(三)电热温床营养钵扦插

在扦插前的 1~2 天,打开电热温床进行预热,地温控制在 25~28 ℃,待温度恒定后,将处理好的枝条插入营养钵中。插入深度以 1/3~2/3 为宜。芽露出沙土表面,插好后用喷壶或温床喷灌设备及时喷水,使沙层湿润。

与传统的硬枝扦插育苗方式相比,硬枝扦插的插穗要通过沙藏至第二年春季,储藏过程中可能造成霉烂,之后再扦插繁育,秋季成苗。而利用电热温床进行设施育苗,需要简单的设备,管理过程较为简单,成苗速度快,由于利用营养钵带土移栽,缓苗时间短,一般定植当年即可成苗,翌年即可结果,并且管理比较简单,易于在葡萄生产中推广应用。

六、扦插后的管理

(一)土肥水管理

扦插后,要灌 1~2 次透水,使插条与土壤紧密接触,以后要注意保持苗圃地湿润,适时灌水。雨水多的地区要注意排水。待苗高 20~25 cm 时,即可开始追肥,追肥以稀薄的人粪尿为好,隔两星期施 1 次,共施 2~3 次,并及时松土除草。

(二)整形修剪

副梢及时摘心。为了集中养分,培养好 1~2 个主蔓,除选留近基部、生长旺的一个副梢培养外,其余的副梢一律留 1~2 片叶打顶,抑制其生长。待主蔓和保留的副梢长至 1 m 以上时,便可留 70~80 cm 摘心,促其加粗生长。

(三)病虫防治

生根后,用 0.3%尿素或者 0.2%磷酸二氢钾作根外追肥,每 7 天追
1 次。同时,用 70%代森锰锌以 500 倍喷洒,预防病菌滋生,并喷施适
当的微量元素,有利于插穗迅速生长。

防治地上部真菌病害是保证幼树健康成活的关键环节,进入夏季
的防治重点是霜霉病和白粉病,没有看到明显病症之前(进入 6 月
后),可喷波尔多液预防,一旦发病要及时采用高效药物治疗。

(四)品种核对

为了便于管理和保证今后葡萄园品种不出现或少出现混杂现象,
应抓紧苗期的品种核对工作。

第二节　葡萄嫁接育苗

随着葡萄规模化栽培的发展,嫁接育苗操作方便、取材容易、节省
接穗、成活率高、可嫁接时间长,将成为葡萄栽培发展的趋势。

根据嫁接材料的不同,嫁接育苗包括绿枝嫁接和硬枝嫁接两种,国
外多采用硬枝嫁接,国内多采用绿枝嫁接。根据接穗的来源不同,分为
芽接法和枝接法两种。其中,芽接法常采用嵌芽接,枝接法常见的有劈
接法和舌接法。生产中更换新品种多采用劈接法换头。

一、砧木选择

葡萄嫁接栽培的核心在于砧木,选择抗逆性强的砧木是嫁接成活
的关键。砧木对接穗抗性的影响主要包括抗寒、抗旱、抗病虫害、耐盐
碱、耐涝等方面。其中,我国北方地区常用抗寒砧木提高接穗的抗寒
性。目前,生产中葡萄嫁接用的砧木,主要有山葡萄和贝达葡萄。山葡
萄的根系抗寒性较强,但不易生根;贝达葡萄的枝蔓发根较强、易于繁
殖,因此大多数嫁接葡萄苗选用贝达葡萄作为砧木。多年的生产实践,
还筛选出 SO4、5BB、5C、420A、520A、3309C 等一批抗性强的优良砧木,
其中 520A、5BB 等具有较强的抗盐性。

砧木应具备以下三个条件：

(1)嫁接亲和性好。既能发挥砧木的优势,又能体现砧木对接穗品种较好的影响,使接穗品种优良性状得到完美表现,并且嫁接部位易于愈合。

嫁接不亲和,主要表现为生长期叶片变黄、早期落叶、营养生长衰退、新梢死去、出现大小脚现象、接口处生长过旺等。

(2)适应性广。利用砧木的抗逆性,可以扩大栽培品种的栽培范围。

(3)容易繁殖,易于推广。实践表明,在较干旱地区,藤稔葡萄以5BB作砧木,其生长优于自根苗,在地下水位高的地区选用SO4生长表现良好。

醉金香、巨玫瑰在湿涝地区选用SO4、5BB砧木进行嫁接栽培较理想。红地球在北方寒冷地区选用贝达砧木嫁接,生长势良好,能在一定程度上提高接穗抗寒性,可减少埋土防寒的工作量。

二、接穗的采集与储藏

(一)绿枝嫁接

接穗的采集可与夏季修剪时的疏枝、摘心、除副梢等工作相结合,从品种纯正、生长健壮、无病虫害的植株上选取。最好就近采集,随剪随接,成活率高。如从外地采集嫩枝嫁接时,应及时除去接穗上的叶片,并用湿毛巾和塑料薄膜包好或放在广口保温瓶中,瓶底放少许冰块,随时注意保湿,保持接穗新鲜。

芽眼最好利用刚萌发而未吐叶的夏芽,嫁接后成活率高,生长快。如夏芽已长出3~4片叶,则去掉副梢,利用冬芽。冬芽萌发慢,但萌发后生长又快又粗壮。

(二)硬枝嫁接

接穗的采集可在秋季葡萄落叶后,结合冬季修剪进行。选一年生以上木质化程度高、生命力强、生长健壮、成熟好、无病虫害、枝蔓直径0.7 cm以上的枝条作为接穗。冬季可以采用沟藏、窖藏等,与扦插的插条储藏方法相同。

三、嫁接时期

(一)绿枝嫁接

选择在砧木当年生枝基部4~5芽处枝条半木质化、优良品种的接穗枝条半木质化、芽体饱满时进行。在春夏生长季节(5~7月)均可嫁接。

(二)硬枝嫁接

一般选择在树液开始流动至伤流期前进行嫁接。嫁接量大可早一点进行,嫁接量少可晚一点进行。

四、嫁接方法

(一)劈接法

劈接法简单易行,技术易掌握,而对接穗粗度要求不高,嫁接快,易于固定,成活率高。

劈砧木的方法:砧木留3~4片叶子,除掉芽眼,离地面5~10 cm处剪断。在砧木顶端的中间向下纵切一刀,为防止手部受伤,可将嫁接刀放在砧木中间,用修枝剪将其砸入,深约3 cm。

削接穗的方法:接穗上留一个芽,将接穗下端削成两面对称的楔形斜面,削面要平直,接舌长约3 cm,切面角度小,易与砧木密接。

先将接穗迅速插入削好的接穗,接穗上的芽要向南,削面上露0.3 cm,以利于接口愈合,一定要对准一侧的形成层,对准形成层是嫁接成活的关键,然后用塑料薄膜带将砧木自下向上包严扎紧,打结捆扎好。

(二)舌接法

要求砧木和接穗的粗度尽量一致。接穗和砧木接口处均削成斜面,斜面长度一般为枝条粗度的1.5~2.0倍;先在接穗斜面靠近尖端的2/3处和砧木斜面靠近尖端的1/3处,各自纵切一刀,深度为1~2 cm,然后将两舌尖插合在一起,要注意两边形成层(绿色皮层)对齐,这是嫁接成活的关键。接舌削面上部外露1~2 cm愈合面,最后用塑料薄膜带绑扎好。

(三)芽接法

葡萄采收后 1 个月内,当年枝条已经木质化,可进行带木质部嵌芽接。

削砧木的方法:先在半木质化的枝条节间中部光滑的位置,向下斜削第一刀,由浅入深达木质部 1/3 处,然后在刀口下 1.5 cm 处,30°斜面削到第一刀口的底部,取下切除部分,使砧木留下一个嵌槽。

削接芽的方法:在半木质化的优良品种枝蔓上选取接芽,先在芽上方 1 cm 处下刀斜削,由浅入深达接穗木质部 1/3 处,再从芽下 0.5 cm 处向上斜切 30°,到第一刀口的底部,然后取下牙片。

将取下的接芽嵌入砧木上的嵌槽,使接芽与砧木上的形成层对齐。如果砧木较粗,必须保证接芽与砧木有一侧形成层对齐,然后用塑料条绑紧。

秋季嫁接,接穗萌发成枝条的当年不能成熟,不需要剪砧,砧木上的主蔓和副梢要摘心,以促使接穗冬芽饱满,当年冬天再将接口以上的砧蔓和接口以下的副梢剪除,以备出圃。如果是夏季嫁接,接穗萌发成枝条当年即能成熟,可将接口上的砧木蔓全部剪除,同时除掉砧木上的萌枝,以促使接穗萌发成枝条,及时引蔓上架。

五、嫁接后的管理

嫁接后及时灌水,做好砧木除萌和病害防治工作,是提高嫁接成活率的保证。在 7~9 月,每隔 10 天左右喷波尔多液防治霜霉病。每隔 20 天左右喷一次吡虫啉+高效氯氰菊酯防治叶蝉危害。

枝接后 7~10 天,接芽萌发,待新梢长到 7~8 个叶片时及时摘心。叶腋长出的副梢留 1~2 个叶片摘心,只留顶端一个副梢延长生长。再长出 5~6 个叶片时继续摘心、处理副梢,促进枝条成熟。

第五章　现代新型葡萄园建设

　　葡萄产业在我国发展迅猛,现代葡萄产业是技术密集型、资金密集型、劳动密集型产业,建园标准的高低不但决定葡萄的品质和市场定位,而且直接关系到投资回报的早晚。因此,建园是一项重要的基础建设,是关系到果园经济效益的直接因素。建立果园首先要基于葡萄品种对当地环境条件的生态适应性,结合园区的机械化管理条件,设计采后市场的销售和流通。

　　目前,葡萄生产园以篱架为主,葡萄栽培的观光园、采摘园的经济效益尤为突出。篱架比较简单,节省架材,省工省时,并且有利于通风透光和机械化作业,易早期丰产。

第一节　精选园地

　　以交通方便、地势平坦、有排灌条件的地块最好,气候条件以果实成熟期昼夜温差大为宜。葡萄作为特殊食品,其食用安全性是影响效益的主要因素之一,要选择远离空气、地下水有污染的地方,周围不能有排污、排烟的厂矿企业。

　　葡萄适应性较强,但不耐涝,应选择土层深厚(>50 cm)、有机质含量高的地块,园地土壤 pH 以 6~6.7 最好,pH 在 4~9 也可种植。土壤以沙壤土、沙砾土为好,切忌选择重酸、重碱地块,忌选择易积水、不易排水地块。

　　若土壤黏度高,可通过多施土杂肥、压沙子等方法改造土壤;若土壤偏碱,可以在地块中挖排水沟,用挖出的土抬高地面,通过浇淡水及雨水冲刷,逐年降低碱性。

第二节　园地规划

一、果园道路建设

园区与外界的道路建设要跟进,葡萄园建到什么地方,道路就要修到什么地方,保证葡萄产得下、运得出,确保物流通畅。

我国农业生产从业者老龄化问题日益严重,劳动力越来越短缺,劳动者的劳务费用越来越高,因此节本省工栽培已是大势所趋,果园内道路建设应将方便机械化作业放在首要位置。果园基地化建设要根据机械化程度、施肥与果实运输的要求,合理规划田间道路。生产道路一般宽4 m,大型汽车、耕作机械或拖拉机等路宽6 m。

二、品种与苗木的选择

(一)根据当地自然环境条件以及距离城市的远近选择品种

结合当地自然条件,因地制宜,选择早熟、中熟、晚熟品种,以及是否耐储运的品种,做到"区域化、良种化、商品化"。鲜食品种中主栽品种要特点突出,同时搭配不同成熟期和果皮色泽的其他品种。如不考虑观光园建设,品种不宜多。

在夏季降水较多的地区,若不采用避雨栽培,建议选用巨峰系品种,如巨峰、京亚、醉金香,或其他抗病品种,如摩尔多瓦等,以减轻病害造成的损失。在西北干旱少雨的地区,可以选择生长势较强的品种,如瑞比尔、森田尼无核等。

(二)设施栽培品种的选择

保护地促早栽培,应选择需冷量低、耐弱光、花芽容易形成、坐果率高的早熟、极早熟品种,如维多利亚、夏黑无核、早黑宝、矢富罗莎等。

利用日光温室或塑料大棚等进行延迟栽培,供应春节市场,利用晚熟品种,推迟发育期以延迟果实采收,如红地球、圣诞玫瑰、秋黑、红宝石无核等。

(三)苗木选择

选择根系强壮、无霉烂变质,枝条粗壮、无病虫害的苗木。用指甲刮枝条外皮,皮内鲜绿,则为鲜活枝条。

总之,品种选择一定要有前瞻性,要综合考虑抗病性、丰产性、内外在品质、耐储性、货架期和产期优势等综合因素才有可能做出正确判断。此外,从市场的角度考虑,要符合当下的消费需求,让人吃了能记住,能让人有味蕾记忆的就是非常好的品种。

据报道,2011 年,巨峰在我国鲜食葡萄品种栽培面积中约占 50%,红地球约占 20%。因此,若缺乏成熟的栽培管理条件商品化,品种选择就需要考虑种植面积较大的品种。

三、确定行向

无论是直插苗种植还是大苗栽植,葡萄行向均以南北向最好,以长60~70 m 为宜。

四、确定株行距

株行距的确定要优先考虑施肥、埋土等机械作业条件。可通过宽行窄株栽培,为机械化作业创造条件。不下架埋土防寒地区,篱架,株距 0.5~1.0 m,行距 1.5~3.0 m。株行距过小,不利于通风透光,影响果实品质;株行距过大,浪费土地资源,难以早期丰产。棚架,单主蔓的株距以 50~60 cm 为宜,双主蔓的株距以 1 m 为宜。

五、挖定植沟

挖宽、深各 60 cm 的定植沟,沟底可放一层杂草、秸秆,再放入与表土搅拌均匀的土杂肥,沟内施农家肥不低于 5 000 kg/亩,同时施入普通过磷酸钙 100 kg/亩,然后覆土回填,平整墒面,清理墒沟,两侧清出宽 30 cm、深 20 cm 的灌水沟,形成深沟高垄,在垄中央扦插枝条或移栽葡萄苗。

六、搭架

葡萄是藤本植物,茎蔓柔软,生产管理中根据品种特性、管理水平和地理条件等选用不同的支架结构,以支撑葡萄枝蔓生长的支架形式,称为架式。葡萄的架式通常分篱架、棚架和柱式架三类。

架材的选择,以木杆和水泥柱居多。如用木杆作立柱,埋入土中的部分要进行防腐处理,用5%硫酸铜溶液浸泡四五天,取出风干即可;也可以用沥青处理其木杆基部。葡萄架的横梁选用毛竹、木杆、钢管、角铁等。葡萄架所用的铁丝为防止锈蚀,多采用镀锌线,10#用得最多,8#仅用作架端连接和拉线。

立柱要在苗木定植前准备好,要立直,土壤夯实,防止立柱倾倒。其基部要埋一定的深度,如架高在1.8 m,埋入土中的立柱深度则不宜小于50 cm。

(一)篱架

葡萄架面与地面垂直或略倾斜,沿着葡萄行向每隔一定距离设立支柱,支柱上拉铅丝,葡萄枝叶在架面上分布,像篱笆墙,因此称为篱架。

1.单篱架

每行一个架面,架高根据行距确定,行距2.5 m时,架高为1.5~1.8 m;行距3.0 m时,架高约2 m。行内每间隔4~6 m设一立柱,自地面开始每隔40~50 cm拉一道铁丝,共3~4层,使整个架面连成篱壁形,适用于行距较窄的园区。

单篱架通风透光条件好,田间管理方便,有利于果实着色,提高果实品质,还可达到早期丰产。适于密植,便于机械化耕作、病虫害防治、果实采收,可有效节省人力。其缺点是:生长容易过旺,若控制不好,易于郁闭,结果部位上移。

2.双篱架

在葡萄植株两侧,沿行向建立相互靠近的两排单篱架。架好立柱,高度依行距和架式而定,一般立柱高2.0 m左右。立柱以水泥柱为好,3~4根铁丝可在制立柱时放入。两壁略向外倾斜,基部相距50~80

cm,顶部相距 80~110 cm。自地面向上拉 3~4 层铁丝,第一道距地面 60~80 cm,其余两道铁丝等距离设计,间距 40~60 cm 即可。

双篱架因其能充分利用光能,有效利用空间,增加了单位面积的有效架面。与单篱架相比,结果枝量和结果部位明显增多,因此在葡萄生产中被广泛应用。其缺点是:架材用量较多,枝叶密度较大,通透性较差。

3.T 形架(篱架和棚架的结合体)

在单篱架顶部架一横梁,呈 T 字形,为 T 形架。立柱高 2.0 m,架高 1.5~2.0 m,篱架上部加两层横杆,间距 40~50 cm,棚面宽 0.8~1.0 m,葡萄枝蔓绑缚在架的两侧。第一层铁丝距地面 1.5~1.7 m,第二层铁丝高于第一层 40~60 cm。

该架式在架面上部增加了结果面积,通风透光好,病虫害较轻,可以形成较高的产量,但结果部位易上移,对肥水要求较高。该架势适用于生长势强的品种和无强风的地区。

(二)棚架

在立柱上设横梁或拉铅丝,上面像荫棚,因此称为棚架。

1.小棚架

架长 5.0~6.0 m,架基部高 1.2~1.5 m,架梢高 1.8~2.2 m,架面较短,方便下架,在我国防寒栽培地区应用较多。小棚架多采用无主干树形,主蔓较短,上下架操作方便,且容易调节树势,以达到丰产稳产。

2.大棚架

一般架长大于 7 m 均为大棚架,多用于庭院、停车场或观光采摘园等的主要交通要道(图 4)。接近根端架高 1.5~1.8 m,架梢高 2.0~2.5 m。

3.水平式棚架

将棚架呈水平状连接在一起,一般面积较大,多见于机械化程度较高的设施葡萄栽培,如新建的大型葡萄产业园区。架高 1.8~2.2 m,每隔 4~5 m 设一立柱,呈正方形排列。架体牢固耐久,结果部位高,病虫害较轻,可缓解日灼和热伤害。该棚架多采用 H 形整形和一字形整形方式,适用于生长旺盛的品种,肥水充足且平整的地块。

（三）柱式架

利用竹竿、木棍或单柱支撑葡萄枝蔓,使其像木本果树一样,能在离地面一定高度的空间内生长,没有固定的架面,不用铅丝牵引,这种无架栽培方式称为柱式架。适用于冬季不需埋土防寒的地区。

干高和柱高一致,一般为 1.0~1.5 m,主干上直接培养 4~5 个结果母枝,新梢不加引缚,任其自然向四周下垂生长,冬季修剪以极短梢和短梢修剪为主,采用头状整形方式。当主干粗大到足以支撑其本身全部重量时(6~10 年),可去掉支柱,成为无架栽培。该架式节省架材,适于密植,管理方便。

七、搭设避雨棚

避雨栽培近年来在我国北方发展很快,是简约栽培的重要环节。避雨棚(图 5)是在葡萄架顶部搭建拱形架,将薄膜覆盖在树冠顶部,能够躲避雨水,降低葡萄架下的水分和空气湿度,减少葡萄病菌繁殖,有效解决葡萄保花保果问题,提高坐果率,同时减少农药使用,增加果皮的洁净度,有效提高果实品质。此外,避雨栽培改变了葡萄园小气候,尤其是葡萄顶部覆盖薄膜降低了光照强度并改变了温度条件,影响了树体的光合作用,同时对果实含糖量、花青素、多酚类物质、芳香物质等也产生了影响。但是,由于管理水平的不同、各种环境因子的综合作用,葡萄不同品种自身内部的差异,以及物质合成与代谢的复杂性,避雨棚对葡萄果实品质是否存在负面影响,还未有明确定论。

避雨棚由棚柱、横梁、弓片、棚膜、拉线等组成。避雨棚与叶幕等宽或宽出 10 cm,棚弓高 30~50 cm,雨棚钢丝与葡萄种植行同向,呈品字形排列,即水泥柱顶部一条,滴水线两边各一条,共 3 条。竹片或竹竿长 2.2 m,每隔 1 m 固定一根弓形竹片或 1 cm 宽的竹竿,似小棚架。为防止大风掀翻,在膜上每隔 1 m 用拉膜线固定牢即可。葡萄避雨棚专用膜宽度 2.0~2.5 m,厚度 0.025 mm、0.03 mm 或 0.04 mm 均可。

一般在 5 月下旬扣膜,或多雨季来临前扣膜,9 月下旬果实采收后揭膜。

八、配套设施

随着科技的发展,现代葡萄生产的科技含量日益提高,配套设施也越来越多,如传统的堆肥场、沼气池、现代的肥水一体化输送系统、防雹网、防鸟网、防虫网、促成或延迟栽培的保护设施等,在建园时要进行合理区划、科学布局,将各种设施安排到最佳位置或预留出建设用地,防止反复建,造成不应有的损失。

先进而实用的配套设施,是葡萄简约栽培生产的基础,能够有效减少劳动力投入、节省灌溉和农药使用的费用、减轻农药对果品和环境的污染、提高果实品质和产量。

第三节　定植及定植后的管理

一、定植时间

冬秋季或春季定植均可。

冬秋季定植,温度变化幅度小,利于伤口愈合和发新根,第二年即可挂果,因此以秋后冬前定植为最好(落叶休眠后至土地封冻前),越早越好。在我国北方地区,通常自9月下旬开始,到10月上旬结束,比春季定植的栽植适宜期长约20天。秋后冬前定植的苗木,不会出现苗木在保存过程中风干、烂根,而且枝条进入休眠期,不萌动长芽长叶,但根系在生长,多数会发生新根,提高苗木的适应能力,有助于第二年长势旺盛,直接进入丰产期。

若春季定植,也是越早越好。夏季绿苗建园,在5月中旬至7月上旬定植为好。过晚,新梢营养生长过旺,枝条不够成熟,易受冻害。

苗木定植时,一定要先层层踏实,切忌一次填满土,浇透水,然后覆盖地膜。

二、定植后植株管理

葡萄为蔓性,需要借助不同修剪手法和绑缚方式将树体造就成一定的形状。适宜的架式、良好的树形、合理的修剪,三者结合可以调节生长与结果的矛盾,达到易于管理、简约栽培及早产丰产的目的。

目前生产中常见的架式有篱架、棚架和柱式架。葡萄生产中以篱架为主,棚架常见于一些农业生态园区、观光园和采摘园。栽树时,要施足基肥,栽壮苗,并加强肥水管理和病虫害防治。

葡萄定植后,要及时进行修剪。根据不同的树势采取不同架式和整形修剪方法。如生长势极旺的品种,适于棚架整形;而生长势弱的品种,以篱架整形为宜。对于生长势较弱的植株,在近地表 3~5 个芽处进行短梢修剪;对于生长势中庸的植株,可先在 30~50 cm 处壮芽部位进行短截,然后水平绑缚在第 1 道铁丝的两侧;对于生长势强的植株,要进行长梢修剪,占领上部空间,扩大结果面积。

(一)篱架树形培养

冬季需要覆土防寒地区,无论哪种树形,必须考虑便于下架覆土防寒,使植株具有倾斜的主蔓、紧凑的树冠,通常以采用无主干树形为宜。冬季不需要覆土防寒地区及南方高温多湿地区,树形及整枝形式多样,可以根据立地条件、品种、生长势、肥水供应等采用多种树形结构。

1.无主干多主蔓扇形

从地面上直接培养 3~6 个主蔓,侧蔓或结果母枝均匀伸展于架面上呈扇形,每 20 cm 培养一个结果枝,以中、短梢修剪为主。

定植后,新梢长至 20~30 cm 时要摘心,促使副梢萌发,培养主蔓,及时斜向上引缚新梢上架生长,冬季主蔓采用长梢修剪。翌年再从近地面选留 1~2 个粗壮新梢,形成具有 3~6 个主蔓的中型扇形树形,每个主蔓上培养 2~3 个长梢和 1 个短梢,为侧蔓或结果母枝。

2.单干双臂树形(图6)

此种树形只选留 1 个主蔓,春季植株 60 cm 时,其下的芽均抹掉,主蔓摘心,选留 2 个副梢作为双臂,在主干两侧,与行向一致。其余副梢抹除。2 个副梢延长枝分别水平引缚在第 1 道铁丝上。副梢上以间距 20 cm 留结果枝,结果枝长 8~12 节,绑缚在第 2 道铁丝上,顶端叶片生长至其 1/3 大小时摘心,副梢留 1 片叶摘心。

3.Y 字形树形

Y 字形树形是双篱架常见的树形,由一个主干、两个主蔓及多个结果枝构成。主干高 50 cm 左右,两个主蔓沿第 1 道铁丝水平牵引,春季主蔓上的芽萌发后,其上着生的新梢左右交互向两侧牵引到第 2 道铁丝上,形成 60°左右夹角的 Y 字形叶幕。结果枝间距 20 cm 左右,在主蔓上约 10 cm 培养一个新梢。

4.T 形架树形

主干上分生两个主蔓,分别呈水平形引缚在架面铁丝上。各蔓上每 25~30 cm 间距留 1 个结果枝。新梢不加引缚,任其自由下垂生长。结果母枝冬季修剪时,适用于极短梢修剪和短梢修剪。

(二)棚架树形培养

冬季需要覆土防寒地区,棚架多采用龙干形,简单易掌握,覆土方便。上架的葡萄主蔓向同一方向按倒 L 形整形(又称厂字形),架面上保留 50 cm 主蔓短截(根据棚架面积和架面长度,选择适当长度短截),翌年春季,在主蔓两侧按间距 20 cm 分别选留 2~3 个结果枝,每年冬季对结果枝进行短梢修剪(若架面铁丝间距大于 50 cm,可采用中梢修剪)。

1.独龙干形(厂字形)

树体仅留一个主蔓(龙干)延伸,龙干两侧着生结果母枝,每个结果部位由一至数个短梢修剪的结果母枝组成,结果枝 20~30 cm 间距规则地着生在主蔓两侧;龙干长度根据架面大小而定,架面需要延伸扩大时,在龙干的前端进行长梢修剪。多采用中梢和短梢修剪相结合。多见于小棚架,适于密植。

2.双龙干形和多龙干形

树体自地面上选留不少于 2 条主蔓,主蔓长度依架面大小而定。主蔓上培养结果枝,均匀分布,间距 20~30 cm,树形结构分明。多采用短梢、超短梢结合修剪。

3.H 形

有一个主干,主干高度由棚架高度而定,一般干高 1.5~1.7 m。主干顶部着生两对生的主蔓,主蔓呈一字形向两边延伸,主蔓上再分出

4~8个侧蔓,同侧侧蔓间距 1.8~2.0 m,呈单 H 形或双 H 形。新梢由侧蔓分生,每年进行单芽或痕芽的超短梢修剪。多见于大棚架。

三、水肥一体化

在有条件的园区,可以铺设水肥一体化滴灌系统。新种的小苗,每株一条滴灌管即可,可埋土或绑缚在第一层铁丝上(距离地面约 50 cm)。可以覆塑料黑色地膜或无纺布地膜,能有效防止主干附近的杂草,提高地温,防止水分蒸发。

第六章 葡萄省力化修剪与管理

葡萄的生长季管理投入劳动力和生产成本相对较高,尤其是绑蔓、花果管理、夏季多雨气候环境带来的病虫害防治等措施,直接影响果农的经济效益和葡萄产业的发展。整形修剪是果树栽培管理中的一项重要技术措施,随着栽培模式的变革和科学技术的发展,葡萄省力化栽培是当前果树发展的必然趋势。

第一节 葡萄生长期管理

葡萄生长期的整形修剪,主要作用是:控制新梢生长,调节水分、养分的运转和分配;调节生长和结果的关系;减少落花落果,提高坐果率;改善通风、透光条件;提高产量,增进品质。

一、抹芽(除萌)

河南地区 3 月下旬至 4 月上旬,葡萄开始萌芽。萌芽后一个星期,能分辨出芽的质量时开始进行抹芽。遵循"去弱留强、去病留优、注意方向、利用空间"的原则,抹除主蔓靠近地面约 50 cm 以下的芽,包括老蔓上的隐芽、双生芽、地面萌蘖及瘪芽。

葡萄的冬芽肥大,外被鳞片,为复芽,由 1 个主芽和 2~3 个预备芽(副芽)组成。主芽在鳞片正中,预备芽在周围。因此,一个芽眼除抽生一个长蔓外,周围还能长出 2~3 个短蔓。在葡萄整个生长期中,一般要除萌 2~3 次。第一次是在新蔓长 4~5 cm 时,对双生或三生的新蔓,保留一个健壮的新蔓,其余均应抹除。如果水肥充足,也可留两个带有果穗的新蔓。第二次是在新梢长至 12~15 cm 时,花序已经显现,除去过密的徒长枝和细弱枝。当新梢长至 20~30 cm 时,花序已全部出现,能萌发的芽大多都已萌发,能明显区分新梢质量的优劣时,可进行第三次除萌,主要是留强去弱,疏密定蔓。

主蔓上可选留一个壮芽来填补空缺或更新复壮;留主芽去副芽,仅保留强壮的主芽(图7)。春季抹芽需要反复进行,每隔3~5天1次。

在葡萄萌芽期,喷洒石硫合剂可以铲除黑痘病、白腐病、白粉病、红蜘蛛、锈壁虱、粉蚧等越冬病虫害。在葡萄上架后,当芽眼鳞片开裂膨大成绒球时,全树可均匀喷洒一遍石硫合剂。

二、定梢

定梢可以集中养分供应,有利于培养壮枝和壮树,为果实生长进行准备。当新梢长约10 cm,花序已显现时,开始定梢。

根据树势强弱合理留梢,中庸树萌芽力强,萌发早,发芽整齐一致,枝条粗度为0.8~1.2 m,花序发育良好;弱树与强树萌芽力差,萌发较迟,花序发育不良,弱树枝条细弱,少有副梢,强树多徒长枝。遵循"方向性、均匀性、一致性"的原则,即新梢方向合理,分布均匀,空间利用合理,长势相对一致。每隔15~20 cm留一个新梢,单干双臂树形,则株距1 m时,每株留新梢11~12个,结合产量和株行距每亩留梢2 800个左右。

三、去卷须、绑蔓

在现有管理栽培条件下,完全不需要卷须发挥固定作用,且卷须与花穗属于同源器官,争夺养分,影响树形培养和通风透光条件,因此在生长期,要尽早多次去除卷须,注意保留顶端的3~4个卷须,以免触伤生长点,影响新梢生长。

绑蔓有利于调整树形,打开光路,增加通风、透光度,减少病虫害的发生。当新梢长度超过葡萄架的第1层铁丝时,应及时进行绑缚。绑蔓时,要避免损伤幼嫩枝条,让枝条均匀分布,避免出现交叉枝、重叠枝,可结合定梢完成。

四、摘心(打尖)

摘心可以让养分向花穗集中,促进花器官的发育完善,从而促使新梢发育健壮和果实生长良好。可分为主蔓摘心和副梢摘心。

主蔓(结果新梢)摘心应在开花前 7~8 天进行。摘心部位是在花序上 6~8 节处(结果枝顶端)。主蔓摘心后,第二次生长的蔓长至 5~6 片叶时,要进行第二次摘心。这次摘心要重些,在基部留 1~2 片叶摘心。在葡萄生长期中,一般要进行 3~4 次摘心,但必须注意对于更新蔓摘心不可过重,一般来说,更新的长蔓可留 15 节,短蔓可留 12 节。

副梢摘心,原则上花序以下不留副梢,仅保留一片叶,反复摘心,即"留单绝后"。依据架势和品种特点,一般副梢顶端叶片达到正常叶片 1/3 大小时,可进行摘心,若摘心过早,可能刺激叶腋正形成的冬芽萌发,直接影响下一年的产量。

五、定花序

目前,随着生活水平的提高,人们更追求果实品质,因此葡萄生产不能盲目追求高产量,导致经济效益降低。要控制产量,提高果实品质,一个结果枝一般应仅留一个穗果,一棵树 10~12 个穗果,可根据树势、树龄、树形和架势等相应调整产量。定花序应保留发育较早、生长健壮的花序。

在开花前补充硼肥,可以提高坐果率。花前 15 天喷施 70%的科博 500 倍液或 50%多菌灵 500 倍液,混合 0.2%~0.5%硼砂及多元素光合微肥。同时,在花前主要防治黑痘病、灰霉病、霜霉病等病害。

六、定果

当果粒长至黄豆大小时,坐果稳定后,可进行疏果。疏果时,遵循弱枝不留花穗、壮枝留 1~2 个花穗的原则,定产定量,亩产量控制在 1 000~2 200 kg。红地球亩产约 1 500 kg,巨峰亩产约 1 500 kg,夏黑亩产约 1 000 kg。若管理不当,单纯追求高产,很容易出现夏青、夏红,降低果实品质。巨峰是欧美杂种,一般每穗保留果粒 30~50 粒,大穗型欧亚种保留 60~80 粒。

七、果穗整形

葡萄果粒的大小及其果实的内在品质与花序整形与否有密切的关系。在葡萄开花前1周，根据花穗的数量和质量疏花穗，保留发育较好的花穗，使养分集中供应，以提高果实品质和坐果率。合理的花序整理可以极大地减少疏果的工作量，使得果穗标准化，利于果实包装，提高商品外观的整齐度。花穗整形的适宜时期为开花前1周至初花期。

（一）仅留穗尖式整形

果穗整齐、美观，疏果容易，工作量小。利于无核和果实膨大处理，且套袋容易，果穗病害少。根据品种差异，一般保留穗尖7~10 cm。

（二）除副穗，去穗尖

去除果穗长度约1/5的穗尖，掐掉果穗肩部大的副穗以及中部过长的副穗的穗尖约1 cm。果粒过密处，以螺旋旋转的手法疏除，使果穗上的果粒大小均匀一致，防止后期果实膨大造成挤压。

（三）剪短过长分枝整穗

花序整成圆柱形，基部较长的分枝留长1~1.5 cm，将多余的穗尖剪掉，果穗大小适中、整齐美观，但操作较为复杂，效率低。

（四）隔二去一分枝整形

操作简单，果穗上每隔两个小分枝去除一个小分枝，果粒较为松散，果穗大小适中、通风、透光好，但果穗中部伤口多，易得病。此方法适用于果穗较大的品种。

幼果期需疏果粒，疏除病虫果、裂果、日灼果、畸形果，以及生长过密的果粒。果实转色初期可摘除部分老叶、黄叶，改善通透性。

7月初是果实膨大期，也是病害侵染的高峰时期，应每隔7~10天交替喷药1次，降雨后及时补喷。注意防治葡萄霜霉病、白腐病、炭疽病等。

八、果实套袋

果实套袋可改善果面光洁度，预防病虫害，减少农药使用次数，降低果实中农药的残留及鸟类的侵害，提高果实商品性。

套袋前,应对果穗喷洒一次多菌灵,待果面药液干后,套上纸袋,扎紧袋口并将其固定,下口两角分别留一个通气口。套袋时间一般在花后两周进行,河南地区约在 6 月中下旬。套袋时间为上午 9~11 时和下午3~5 时,选择无露水和气温不太高的时候进行。

露天栽培最好使用防水、抑菌功能的全纸袋,设施栽培或者避雨棚可选用无纺布果袋。半透明袋的隔热性能较差,易造成日灼,可以在棚架下使用。纸袋大小,视果穗大小而定,袋底要有漏水口。目前,大多数果袋都是扎丝绑口,套袋时,注意将果实固定在纸袋中央,扎丝固定在枝条上,扎紧袋口。在采收前 7 天除袋或把纸袋沿两条缝线向上折开成伞状,这样有利于果实上色。紫黑色的品种,可连袋采收装箱。

九、促进果实着色

(一)铺反光膜

对有色葡萄品种,铺反光膜可以增加反光效果,促进果实着色,增加含糖量。当前市场上质量较好的是聚丙烯、聚酯铝箔、聚乙烯的纯料双面复合膜,韧性强,反光率高,抗氧化能力强。

铺设反光膜时要内高外低,可以使雨水流向行间,以防雨后膜面积水而影响反光效果;膜面不能拉得太紧,以防气温降低时,反光膜冷缩破裂。

(二)转色期管理

葡萄转色期的标志是葡萄皮的颜色开始发生变化,葡萄有色品种的转色就是葡萄果皮中花色苷的形成和积累。从葡萄硬核期开始,果皮中就开始积累花色苷;葡萄硬核期以后,葡萄酸度开始下降,糖度开始增加,葡萄中的叶绿素开始转变成花青素,花青素和糖结合就是花色苷,也是积温、积光及糖类合成的过程,因此葡萄转色实际就是花色苷积累的过程。此外,葡萄中单宁和其他芳香类物质也开始增加。

1.影响葡萄转色的因素

(1)光照影响糖及相关有机物质合成,与花色素合成有很大关系。

(2)大量研究已证明,昼夜温差对糖分累积至关重要,并且温度还可以影响植物体内酶的活性。

(3)水分影响花色苷的含量和稳定性,若转色期遇过多降雨,会导致果实中花色苷含量下降。

(4)矿物质营养。葡萄是需钾量大的作物,钾能够促进糖分的运输和积累,是糖代谢中某些酶的催化剂,对提高葡萄木质化、转色、品质都有很重要的作用。磷能够为花苷素形成提供能量,更好地促进转色。硼能够促进糖分转化,提高甜度,有利于提高果实品质。

2.促进葡萄转色的方法

(1)疏剪夏梢。果实转色后,在保证足够叶面积的前提下,控制顶端优势,对架面适当剪梢,增大叶果比。疏剪夏梢:一方面,可增加通风透光,防止架面郁闭,增加果实着色度;另一方面,可防止病虫害滋生。

(2)合理施肥。施用磷、钾肥,配合钙、镁肥的使用,提高磷、钾肥的利用率。硫酸钾适用于葡萄着色后期至果实成熟期使用,促进果实上粉着色,增加果实甜度,但不宜常年使用,可能造成土壤酸化。硝酸钾因含有硝态氮,氮素会储存在植物体内,严重影响葡萄的转色,因此不适合葡萄着色后期使用,容易造成"返青"。磷酸二氢钾具有良好的水溶性,属于速效肥料,一般在开花前后、着色期均可使用。

不建议使用富含氨基酸的水溶肥、鱼蛋白等肥料。因为氨基酸的刺激作用,会使土壤中微生物活性增加,导致有机氮矿化速度加快,而且氨基酸具有较高的盐基交换量,能够减少氮的挥发流失,同时也使土壤速效氮的含量有所提高。

总之,在葡萄转色期要避免大量施入氮肥,以免大量副梢抽生,消耗树体营养,还可能导致裂果、灰霉病、白腐病、酸腐病等的发生。另外,土壤施肥应避开中午高温、高湿、强光时期,且不能伤害根系,距离根部 50 cm 左右开沟浅施。

(3)控制水分。干旱应适当浇水,避免大水漫灌,同时做好雨后及时排水。

(4)摘除老叶。葡萄生长后期枝蔓基部老叶失去光合作用老化变黄,为使浆果着色良好,避免叶片磨伤果面,可适当摘除新梢基部与果穗上部的部分叶片,但要避免打光底部叶片。

(5)使用 LED 植物生长灯。葡萄上色快、糖度高,需要充足的光照。设施栽培,可以选择合适的 LED 植物生长灯。光照是花色苷合成的诱导因子,紫外光照射花色苷含量高,红外光照射花色苷含量低。

(6)合理使用药剂。植物杀菌剂,如吡唑嘧菌酯、醚菌酯和嘧菌酯等对植物有保护作用,可延缓衰老,让叶片长得油亮,但是不适合在转色期使用,也不要使用高残留的杀虫剂。

十、葡萄无核化生产技术

无核葡萄因其食用方便、风味好、品质优良受到广大消费者的喜爱,在我国乃至世界的葡萄产业中占据着十分重要的位置。

通过良好的栽培技术与葡萄无核药剂处理相结合,使有籽葡萄的种子软化或败育,达到无核、稳产、优质、早熟的目的。目前,葡萄无核化生产效果十分显著,无核率可达 95%~100%。目前,葡萄生产中普遍采用的无核处理调节剂有赤霉素类和细胞分裂素类。

(一)赤霉素

赤霉素是最早用于诱导形成无籽果实的一种植物生长调节剂,用量极低,不会对人体造成危害。主要功能是促进细胞延伸生长及细胞分裂。赤霉酸在葡萄花前、花后的使用中能够产生不同的效果。在葡萄花前使用,能够促进花序伸长,起到拉穗的作用,使花粉和胚珠发育异常,诱导无核,但缺陷是可能会造成花序扭曲。在葡萄花后使用,能够起到增大细胞的作用,能够使果形增大。因此,赤霉酸在葡萄生产应用中具有重要作用。

由于不同葡萄品种对赤霉素的反应不同,因此使用赤霉素对不同有核品种的无核化效果存在差异,最佳使用时期和使用浓度也存在不同。一般在葡萄开花前 7~10 天和开花后 5~7 天,用浓度为 8~35 mg/L 的赤霉素浸蘸葡萄花穗约 3 s。

(二)氯吡脲

氯吡脲又称吡效隆,是一种新型的苯脲类细胞分裂素。氯吡脲活性较强,能促进细胞分裂、诱导单性结实,而且效果稳定、副作用比较小。单独使用的时候能增加坐果率和穗重,但也会出现穗轴变硬的现象。

(三)噻苯隆

噻苯隆是一种新型的植物生长调节剂,它具有很强的细胞分裂素活性,它的细胞分裂素活性要比一般植物生长调节剂高几十倍甚至几百倍。使用后,葡萄的各项商品性状能够得到较大的提高,如促进果粒膨大、提高品质、降低穗轴硬度且增粗明显。

十一、葡萄采收后的管理

葡萄采收后到落叶休眠之前,是容易被忽视的一个关键管理时期,往往被认为葡萄已采收,管理可以松懈了。实际上,葡萄采收后到落叶前这一阶段,叶片光合作用会出现第二次高峰,而到接近落叶期,光合效率才迅速下降。因此,必须重视采后这一关键时期,加强管理,如果忽视后期树体的管理,将会导致叶片过早损伤、光合作用降低、树体储藏营养亏缺,从而导致第二年早春养分缺乏,发芽晚而不整齐,甚至导致花序退化、开花结果减少等不利后果。

采收后主要管理措施如下。

(一)控制枝蔓

果实采收后,葡萄枝蔓持续生长,将消耗树体养分,除采取摘心、除副梢等措施控制其生长外,还可喷 0.05%的比久溶液抑制其旺长,减少养分的消耗,促使养分集中在主蔓及保留的枝条上,枝条生长粗壮,芽体饱满充实。此外,应尽早疏除瘦弱枝、过密枝、病虫枝等。

(二)增施肥料

葡萄采收完毕,要及早施足施好采后肥。一般每隔 10 天喷 1 次 0.2%尿素和 0.2%磷酸二氢钾混合液,连续喷施 2~3 次,能有效地提高叶片光合效率,恢复树势,增加树体营养。在结果多、树势偏弱的情况下,可增施部分速效性氮肥,如腐熟的人粪尿、尿素等。

(三)秋施基肥

秋施基肥是葡萄园施肥中最重要的一环,生产实践表明,秋施基肥愈早愈好,一般在 10 月中旬葡萄采收之后。秋施基肥以有机肥为主,配施磷肥。每亩用土杂肥、圈肥、堆肥等有机肥 2 000 kg 加过磷酸钙 50 kg,混合后开沟施入,施后覆盖好,浇透水。

秋施基肥的好处在于,可提高光合作用,促进叶片制造的有机物回流;翌年初春葡萄抽枝长叶,首先利用储藏的养分,因此可促进翌年叶幕迅速形成;有利于花芽继续分化和充实;施基肥造成的伤根容易愈合,并促发新根。

(四)中耕松土

秋季果园杂草丛生,土壤透气性差,同时,因采摘、管理等人工或机械操作频繁,土壤易被踏实。因此,采果后及时中耕除草,并进行深翻(果树基部深度约 18 cm),这样既有利于园内土壤疏松透气,又可保水保肥,促进新根新梢生长。

(五)防病除病

葡萄叶片易受霜霉病、白粉病、白腐病、褐斑病的危害。因此,葡萄果实采摘后可用 50%克菌特可湿性粉剂 500 倍液、65%代森锌可湿性粉剂 500 倍液、70%甲基托布津可湿性粉剂 1 000 倍液等交替喷施,每隔 10 天喷施 1 次。

(六)减少机械损伤

有些地方葡萄采收后,大量田间作业可能造成枝条和叶片的机械损伤,消耗养分,影响枝条和叶片的正常老熟。

第二节 葡萄休眠期管理

葡萄落叶后,进入休眠期,此时葡萄园的管理以确保冬季树体的安全越冬,并通过修剪为第二年的丰产和稳产奠定基础为目标。根据多年的生产实践经验,葡萄休眠期管理包括以下几个方面。

一、清园

果树落叶,进入休眠期。结合秋、冬季修剪,11 月将果园地面枯枝、落叶、病虫僵果、杂草等清除干净,尤其是病枯枝和多年生枝蔓树干上的隆起,可能是越冬虫卵在老树皮下越冬,要集中烧毁,以减少虫卵的残留和扩散。

树干涂白可以灭杀越冬虫卵,且可以预防冻害。用石硫合剂与生石灰1：3调成糊状,或用水：石灰：盐=30：5：0.4混合液涂抹多年生株蔓及树干。

二、浇封冻水

一般在冬至前对果园浇一次透水,待土壤松散后,再深耕一遍,以防冻害发生。葡萄扦插苗的根系主要分布在地表下 10~30 cm 的土层内,抗寒性较差,一般地温在-4 ℃时即可受冻,-6 ℃持续两天根系就可全部冻死,因此要重视冬季葡萄树的冬灌防寒。在冬季干旱的地区,冬灌次数不少于 2 次。

三、冬季防寒

前人的研究认为,冬季葡萄可以抵抗-15 ℃的低温,是葡萄栽培休眠期埋土防寒的临界区。因此,一般以黄河流域为界,黄河以北需要埋土防寒,黄河以南可以不用埋土防寒。当葡萄根系处的地温降到-6 ℃时,其根系就会发生不同程度的冻害;降到-8 ℃时,就会全部冻坏。所以,葡萄根系冬眠时间内的温度应保持在-6 ℃以上,这个温度是葡萄树不被冻死的安全指标。

需埋土防寒的地区,在果园根颈部,埋土约 30 cm 厚,能够起到防寒作用,而且第二年春季,枝蔓芽眼饱满,萌芽后新梢生长健壮。

(一)地下开沟实埋法

在行边离根茎 50 cm 处顺行向开一条宽和深各 40~50 cm 的防寒沟,将捆好的枝蔓放入沟中;可先覆盖秸秆,也可直接埋土。这种方法多年挖沟对根系有损伤和破坏作用,而且费工费时,目前在个别地区有应用。

(二)深沟栽植防寒法

深沟栽植防寒法适用于气候干燥的地区和排水良好的地块。栽植前,先挖掘 30~40 cm 深的沟。防寒时,有以下两种方法。

(1)实埋防寒:把枝蔓捆好放在沟中,为上架方便和减少枝芽损伤,可先在枝蔓上放一层秸秆,然后埋土。这种方法较地上实埋省土、节工,安全系数较高。

（2）空心防寒：先将枝蔓捆好放入沟中，然后在沟上横放小木杆，其上铺秸秆后覆土至所要求的宽度和厚度。这种方法比实埋防寒保湿效果好，越冬安全系数大，但较费材料。

（三）淋膜防寒法

冬季不下架、不埋土，直接将淋膜覆盖于架面上（篱架的第一道拉丝上），向下垂至地面，与地面形成三角形，既可以保温，又可以保湿，还可以减少用工量，避免因下架、埋土等机械损伤带来的伤害。淋膜在极端低温-20 ℃以内的地区可以考虑使用。

（四）塑料膜防寒法

近年来，东北地区有的葡萄园试用塑料膜防寒，效果良好。做法是将枝蔓上盖麦秸或稻草（厚40 cm），上盖塑料膜，周围用土培严。但要特别注意不能碰破薄膜，以免因冷空气透入而发生冻害。注意，在辽宁、河北、甘肃等地采用这样的防寒办法，效果并不理想。

（五）简化防寒法

采用抗寒砧木嫁接的葡萄，由于根系抗寒力强于自根苗的 2 ~ 4 倍，因此可大大简化防寒措施，节省防寒用工的 1/3 ~ 1/2。如河北承德北部地区可取消有机覆盖物，直接埋土，这样即可保证枝蔓和根系的安全越冬。因此，采用抗寒砧木、实行简化防寒是冬季严寒地区葡萄生产发展的方向。砧木耐寒性强弱：贝达>5BB>SO4。

四、冬季修剪

冬季修剪一般在落叶后至翌年萌发前 20 天进行。修剪过早，树体养分不充分，降低了树体的抗寒性；修剪太晚，容易造成伤流，对树体损伤严重，植株生长衰弱。冬季修剪常用的方法如下。

（一）回缩

一年生以上的枝条，剪除已结果的外围枝或下垂枝，以控制结果部位外移，或复壮树势。

（二）疏枝

疏除细弱枝、病虫枝、过密枝、受冻害的枝条，防止翌年树体郁闭，并控制病虫害及冻害等蔓延。

（三）短截

一年生枝条剪除一部分，一般根据所留的芽数分为极短梢（1 个芽）、短梢（2~3 个芽）、中梢（4~6 个芽）、长梢（7~12 个芽）、极长梢（> 12 个芽）修剪。

冬季修剪大多以短梢修剪为主，留 2~3 节进行短截。夏黑葡萄生长势强，幼旺树可轻剪长放，留 3~5 节短截。

根据树形，第一层铁丝以下的一年生枝条疏除；若有更新和补漏，可极短梢修剪或短梢修剪，刺激隐芽萌发；主蔓的长度结合架势及株距，采用长梢修剪，一般留 1 m 左右；结果母枝采用中、短梢修剪相结合进行修剪，间距 15~20 cm，使其在架面上均匀分布。

第七章　葡萄土肥水管理技术

土壤是农业发展的根本,是葡萄生长发育的基础,具有供应植物生长发育所需的养分、水分、空气和热量的能力。疏松、肥沃、保水性好的土壤环境,有利于葡萄根系的生长和吸收养分,对葡萄枝繁叶茂、提高果实产量和品质具有重要意义。然而,葡萄生长和结果需要消耗大量的有机营养、矿质元素和水分,单纯依靠土壤远不能满足葡萄的生长发育,因此在葡萄年生长周期中,应根据其发育规律及时补充营养元素和水分,通过平衡施肥与合理浇水,为葡萄丰产、稳产奠定基础。

第一节　土壤管理

合理的土壤管理,需要改善土壤的理化性能,活化土壤、增加土壤团粒结构,为葡萄根系的生长提供良好的环境,尽可能满足葡萄周年生长对温度、湿度和空气的需求。主要方法如下。

一、地面深翻

葡萄根系的生长需要充足的养分和良好的通气条件。地面深翻一年至少两次,第一次在萌芽前,结合施用催芽肥,全园深耕,即可使土壤疏松,增加土壤的氧气含量,也可增加地温,促进发芽。第二次在秋季,结合秋季施用基肥,全园深耕。葡萄园地面深翻是在定植沟内翻20～25 cm,深翻要尽量减少大根系的损伤,主干周围20 cm内浅翻或不翻。

二、清耕除草

为了防止杂草生长、疏松土壤,每次灌水或雨后及土壤板结时要及时松土。葡萄园每年至少要在行间、株间进行2～3次中耕,深度5～15 cm。

每个生长季节要在行间、株间除草 3～4 次,保持园内疏松、无杂草,也可采用除草剂除草。

三、果园覆盖

果园覆盖可分为地膜覆盖或地面秸秆(例如稻草、麦秸、麦糠、玉米秆和干草等)覆盖。

(一)地膜覆盖

在萌芽前半个月就要覆盖,最好通行覆盖,可显著改善土壤的理化结构,促进发芽,使发芽早而且整齐。生长期间还可减少多种病害的发生,增加田间透光度,并且促进早熟及着色,减轻裂果。但需要增加肥料用量尤其是有机质的投入,这样才能有更大的增产及改良品质的效果。

(二)地面秸秆覆盖

改善土壤温度和湿度、提高土壤肥力、增加土壤团粒结构、防止表土流失、减少水分蒸腾,改善葡萄园内的生态环境,起到增肥、灭草、防冻等作用,有利于树体尽早进行光合积累,有利于营养物质的积累、分解和转化,促进枣树根系的吸收,提高葡萄坐果率。一般覆草时间在结果后,草厚度在 10～20 cm,并用沟泥压草,干旱地区覆草要谨防鼠害及火灾的发生。最好先覆草后盖膜,树干周围不要覆草,因为覆草易引起燃烧而毁坏树体。

四、果园生草

在葡萄生长季节,通过果园生草(图 8),可以不耕耘土壤,进而节省大量劳动力、电力、物力等,因此在农村劳动力老龄化及劳动力短缺的地区,已经成为现代新型葡萄园建设的方向。另外,果园生草可以改善葡萄园生态小气候,减轻日灼、气灼等生理病害的发生,建立生物多样化的生态系统,为天敌提供良好的栖息地,同时提高土壤肥力和改善土壤团粒结构,达到旱作农业保墒栽培的目的。

行间可以种植三叶草、黑麦草、鼠茅草等,定期用割草机刈割,确保草不要高于 15 cm,刈割后覆盖在树根周围。

第二节　果园施肥

葡萄是多年生植物,每年从土壤中吸收大量的营养元素。这就需要及时施肥来恢复和提高地力,保证葡萄能及时、充分地获得所需的营养,使植株生长健壮,提高产量和品质。

一、葡萄需肥特点与施肥时期

(一)葡萄需肥规律与肥料选择

葡萄萌芽至开花前为大量需肥期,果实膨大期为营养稳定需求期,果实采收后为营养储备期。

施肥应注意营养需要与肥料营养供应之间的平衡。葡萄园营养成分的供应包括植物营养消耗、土壤流失和挥发,生产中应注意防止一次施肥过量,对植株的生长造成伤害,或由于土壤淋失、挥发致使肥料的浪费,必须在肥料需求的关键时期按需施肥。

所施用的肥料应该以有机肥为主、化肥为辅,且不应对果园环境和果实品质产生不良影响。必须是经过农业行政主管部门登记或免于登记的肥料。提倡根据土壤和叶片的营养分析进行配方施肥和平衡施肥。施肥的方式可分为根部施肥和根外追肥,前者一年 4 次,即在葡萄生长的关键时期施肥,可以做到肥料的有效利用。

(二)在葡萄生长需肥关键时期定量施肥

1. 催芽促长肥

一般在葡萄发芽前 15 ~ 20 天,追施以氮肥为主、结合少量磷肥,促进萌芽。亩施尿素 10 ~ 15 kg 或碳铵 20 ~ 30 kg、过磷酸钙 15 ~ 30 kg。有春旱的地方结合施肥灌足一次水,或用商品有机肥液每亩灌注 8 ~ 10 L。施肥量为全年的 10% ~ 15%。

2. 花期追肥

开花前以追施硼肥为主,也可同时增施磷、钾、镁、锰肥,促使授粉受精,提高坐果率。开花前 10 天,挖 10 cm 深沟,每亩施磷酸二铵或三元平衡复合肥(15 – 15 – 15 或 17 – 17 – 17)25 ~ 50 kg、硫酸钾 25 ~ 50

kg、中微量元素肥 1～10 kg,将化肥混合后施入。叶面喷施,可在开花前喷 0.2% 硼酸或 0.2%～0.5% 磷酸二氢钾 1～2 次,有利于坐果。

3. 果实膨大肥

盛花后 10 天,全园施一次氮、磷、钾全价肥,亩施氮磷复合肥 25～30 kg、硫酸钾或氯化钾 10～15 kg。若结合稀粪水或腐熟沼液更好。也可每隔 20 天每亩施三元复合肥(或磷酸二铵)15～30 kg + 硫酸钾 10～30 kg,共 2～4 次,树行左右开浅沟交替进行。还可在雨前撒施根部周围后适当浅耕,使肥料渗入土壤。

4. 着色增糖肥

施着色增糖肥在枝条开始成熟,浆果开始着色时进行,以钾肥为主,硫酸钾 0.2～0.4 kg/株,可浇施,亦可撒施浅耕,适当追施氮肥(如果树体生长良好,则可不加氮肥),有利于提高果实糖度,增进果实品质,促进枝条成熟。

5. 采后追肥

采后追肥又称月子肥,在葡萄采摘后进行。目的是迅速恢复树势,增加养分积累,增加根系营养储备,应早施基肥。以有机肥为主,对于建院时缺少基肥的园子尤为重要。离葡萄主干 1 m 左右挖一环形沟,深 50～60 cm、宽 30～40 cm,将原先备好的各种腐熟有机肥分层混土施入基肥,可结合亩施复合肥 20～70 kg,有小叶症或缩果症的果园可加施过硫酸锌和硼砂各 1 kg、腐熟有机肥 3 000～5 000 kg。南方地下水位高,可全面撒施,不必开沟,结合深翻一次,整平。这次施肥对增加土壤肥力、促进吸收根发生、增强树势、增加第二年结果效果很明显,应充分重视。

二、追肥

葡萄追肥分为土壤追肥和根外追肥。

(一)土壤追肥

土壤追肥分两个阶段进行,分别是定植当年追肥和结果期追肥。

(1)定植当年追肥。定植当年需追肥 5 次,以氮肥为主,磷、钾肥为辅。第一次追肥宜在葡萄幼苗 3～5 片叶时进行,不足 3 片叶的苗不要追肥。每株追尿素 15 g,在植株东侧距植株 15 cm 处挖深、宽各 10 cm 的半环状沟。第二次追肥应在第一次追肥后 10 天进行,每株施尿素约 25 g,在植株西侧距植株 20 cm 处挖深、宽各 10 cm 的半环状沟。第三次追肥在第二次追肥后 10 天进行,每株施尿素约 50 g,在植株南侧距植株 25 cm 处挖深、宽各 10 cm 的半环状沟。第四次追肥在第三次追肥后 10 天进行,每株施尿素约 50 g,在植株北侧距植株 30 cm 处挖深、宽各 10 cm 的半环状沟。第五次追肥在第四次追肥后 10 天进行,在距植株 30 cm 处,挖深、宽各 10 ~ 15 cm 的环状施肥沟,每株施硫酸钾 25 g、磷酸二铵 50 g。每次施肥后,都应及时覆土浇水。

(2)结果期追肥。对进入结果期的葡萄 1 年可追肥 3 次,分别是开花前、浆果生长初期和成熟前 1 个月各追肥 1 次。追肥前期主要多施氮肥,少施磷、钾肥,后期多施磷、钾肥,少施氮肥。开花前,在植株南北两侧各 30 ~ 40 cm 处,挖深 10 cm、长 50 ~ 60 cm 的半环状沟,每株施尿素 100 g、过磷酸钙 50 g、硫酸钾 20 g,将肥料与表土施入沟内,然后覆土浇水。

浆果生长初期在东西两侧距植株 30 ~ 40 cm 处挖深、宽各 10 ~ l5 cm,长 50 ~ 60 cm 的施肥沟,每株施尿素 125 g、过磷酸钙 25 g、硫酸钾 25 g,将肥料与表土混合施入沟内,然后覆土浇水即可。

浆果成熟前 1 个月,在距植株 40 ~ 50 cm 处挖深、宽各 15 cm 的环状沟,每株施硫酸钾 50 ~ 100 g、磷酸二铵 100 ~ 150 g,施肥后立即覆土浇水。

(二)根外追肥

根外追肥又叫叶面追肥,其作为根部追肥的一个重要补充,能起到事半功倍的效果,具有投入少、见效快、节省肥料、减少环境污染等作用。叶面追肥要灵活运用,针对葡萄生长发育的不同阶段,结合对枝叶及生长势的观察,随时调整追肥种类及浓度,可迅速治疗葡萄缺素症,增加叶绿素含量,提高光合作用能力。

叶面追肥,在果实着色前可间隔 10 ~ 15 天喷施一次 0.3% 尿素或以氮素为主的叶面肥;果实着色后每 15 天喷施一次 0.3 % ~ 0.5% 磷酸二氢钾;在采收前 1 个月内可连续喷施 2 次 1% 硝酸钙或 1.5% 醋酸钙溶液,以提高葡萄耐储性;在坐果期和果实生长期,喷洒 0.05% 硫酸锰溶液,可增加含糖量和产量。

一般叶面追肥结合植物生长调节剂混喷,效果更好。叶面追肥应注意晴天宜在晨露干后上午 10:00 前、下午 4:00 后喷施;最好在无大风的阴天,注意尽量喷施在叶背处;喷施雾滴要细,喷布均匀;可结合病虫害防治剂混合喷施。

三、有机肥的使用

鼓励使用腐熟的有机肥料,包括堆肥、沤肥、厩肥、沼气肥、绿肥和作物秸秆等农家肥料和商品有机肥、有机复合肥等;腐殖酸类肥料、微生物肥料,包括微生物制剂及经过微生物处理的肥料。禁止使用未经无害化处理的城市垃圾或含有重金属、橡胶和有害物质的垃圾肥料。

四、科学合理施肥

葡萄生长发育需要多种营养元素。其中,需要量较多的元素有氮、磷、钾、钙、镁、硫、铁等。此外,还需要少量的微量元素,如硼、锰、锌、铜、钴等。碳、氢、氧来源于空气中的二氧化碳和水,其他元素取之于土壤和肥料中。

(一)氮

常用的含氮化肥有尿素、碳酸氢铵、硫酸铵、硝酸铵等。

1.作用和缺素症状

氮肥的合理施用不仅可以增加葡萄的枝叶数量,增强树势,协调营养生长和生殖生长,提高产量,而且可以增加葡萄的含糖量。葡萄一年都会吸收氮,在新梢旺盛生长期和浆果成熟期吸收最多,并有促进浆果成熟和花芽分化的作用。

当氮素不足时,植株生长受阻,叶片失绿色浅、薄而小,叶柄和穗轴呈粉红或红色,新梢生长势弱且纤细、节间短,落花落果严重,花芽、花序分化不良,产量下降。氮在植物体内移动性强,可从老龄组织中转移至幼嫩组织中。因此,老叶通常相对于幼叶会较早表现出缺素症状。

当氮肥过多时,会引起枝条、叶片徒长,叶色深绿,相互遮阴,光合效率下降,坐果率降低,成熟期延迟,着色不良,果实风味变淡,易遭病虫害等。

一般沙质土壤、有机质贫乏的土壤,或者由于大量使用高碳氮比的有机肥料(如秸秆),都会造成氮素缺乏。而追施氮肥过多或过晚,则会造成土壤氮素过剩。

2. 施用时期、种类及方式

葡萄采收后保护叶片,增强叶片的光合能力对增加树体的储藏养分有重要作用。果实采收后,在结果多、树势偏弱的情况下可施速效性氮肥,以增强后期叶片光合作用和恢复树势。每亩施入硝酸铵钙 12 kg 左右,也可叶面喷施 0.3% 尿素溶液,连喷 2~3 次。

在生产中,每亩氮肥的施用量在 3~6 kg,树势衰弱多施,树势强则适当少施。施肥应以基肥为主,在果实采收之后,以 9 月下旬,最迟 10 月中旬葡萄落叶前最为适宜,占全年施用量的 40%~60%。该时期地上部已逐渐停止生长,地下部仍然生长旺盛,是根系生长高峰期,伤根容易愈合。结合施肥松土能够促发新根形成和生长,此时吸收的营养物质以积累、储藏为主,从而提高树体营养储藏水平,增强越冬能力,以利于第二年芽的萌发。另外,在第二年早春,促发的大量根系可以有效吸收土壤中的养分物质,有利于新梢生长和当年花芽分化。基肥以有机肥为主,配施磷肥,亩施有机肥(农家肥)3 000~5 000 kg、磷肥 50 kg,以及农家肥,为来年丰产奠定基础。葡萄出土后,及时浇大水一次,随浇水每亩施尿素 50 kg,或碳酸氢铵 100 kg,深度 20 cm。幼果膨大期,每亩施尿素 20 kg 和硫酸钾 50 kg。

(二)磷

1. 作用和缺素症状

磷是植物细胞中核酸的组成元素,对细胞的分化、增殖有重要作用。以一价和二价磷酸根离子形式供植物吸收、利用。磷可以促进植物的光合作用,提高植物体内碳水化合物的积累水平,提高碳氮比,增加含糖量。所以,增施磷肥,叶片大小适中、质地较硬,叶片呈波状,叶柄易显红色;枝条节间缩短,节部膨大、髓小,果实成熟早。由于增施磷肥,树体的含糖量增加,促使根系庞大而开张。

葡萄缺磷时,植株在某些形态方面表现与缺氮相同。如新梢生长细弱,叶片较小,浆果小,生长缓慢等。此外,叶色初为暗绿色,逐渐失去光泽,最后变为暗紫色,叶尖及叶缘发生叶烧,叶片变厚、变脆。萌芽期和开花期缺磷会导致坐果率降低;坐果后缺磷,会导致果实发育不良,粒重减轻,含糖量减少,着色差,种子发育不良,推迟果实成熟期。葡萄磷过多时,会影响氮和铁的吸收而使叶黄化或白化,产生不良影响。

2. 施用时期、种类及方式

萌芽和新梢生长前期主要利用根储藏磷营养,在葡萄转色期,根系吸收大量磷元素,至果实采收后、落叶休眠期前,出现磷元素的第二次吸收高峰,并用于储藏。因此,磷肥适宜在花期前后、果实硬核期、果实采收后适当补充,可以选用磷酸铵、磷酸二氢钾等。

在萌芽至开花期施磷,可以促进花器的发育,增加花蕾数,提高花粉发芽率和坐果率。在开花期至果实硬核期施磷,可促进坐果和果粒膨大,着色早、糖度高,果肉紧实。

(三)钾

葡萄是喜钾果树。研究和实践证明,在缺钾条件下,增施钾肥的葡萄园,比不施钾肥的葡萄园,产量可以提高10%以上,而且葡萄含糖量提高5%以上,葡萄着色好,果实品质明显提高。实践表明,增施钾肥,还可抑制葡萄病害发生。同时研究发现,每生产1 kg葡萄果实,至少需要10 g钾肥。

1. 作用和缺素症状

钾可促进果实成熟,提高含糖量,促进花芽分化及枝条成熟,提高树体抗性。葡萄在整个生长过程中都需要大量的钾,尤其在果实成熟期间需要量更大。从葡萄展叶开始,根系从土壤中吸收钾肥。从果实膨大期至着色期,茎叶中的钾向果实移动,因此果实膨大前吸收的钾,其效用可维持至浆果成熟。一般在浆果生长期和浆果成熟期进行根外追肥效果明显。钾不足时,枝条中部的叶片表现为扭曲,以后叶缘和叶脉间失绿变干,并逐渐由边缘向中间焦枯,叶子变脆,容易脱落。果实小、着色不良,成熟前容易落果,产量低、品质差。钾过量时,可阻碍钙、镁、氮的吸收，果实易得生理病害。

2. 施用时期、种类及方式

葡萄增补施钾肥，可结合基肥、追肥施用直接将钾肥施入土壤中；在生长季节，也可采用根外追肥的方法。葡萄对钾肥的吸收有两个高峰期，第一个高峰期在葡萄落花期到转色期，自葡萄萌芽后3周，根系开始吸收钾元素，吸收速率逐渐增大，至葡萄落花期到转色期为吸收高峰，此时期钾元素的吸收量可占全年吸收量的50%，之后从转色期到采收前吸收速率明显下降。第二个高峰期在采收后，大约持续一个月。

葡萄钾元素的补充以土壤施入为主，在增施有机肥的基础上，宜在花期前后和果实采收后施入。第一个高峰期，在土壤施入的同时，采取根外喷施是施用效果较好的方法。

葡萄根外喷施钾肥，吸收快、肥效好、效率高，宜选用磷酸二氢钾、硫酸钾、硝酸钾、优质草木灰浸出液等速效钾肥，不宜使用氯化钾。葡萄根外喷施钾肥，主要在浆果膨大期、浆果着色成熟期进行。植株长势旺盛的，可在落花后幼果期喷施。在喷施钾肥的同时，要配合施用氮、磷肥料，以保证钾肥正常发挥肥效。磷酸二氢钾以0.3%～0.5%、硫酸钾以0.5%～0.8%、硝酸钾以0.5%～1%、草木灰浸出液以3%～5%为宜。浓度不宜过大，以免发生肥害。

葡萄根外喷施钾肥，叶片正反两面都要喷洒均匀，每亩喷肥液以60 kg为好。喷施次数根据植株生长势和土壤中钾肥情况决定，提倡低浓度、多次喷施。

（四）钙

钙元素是葡萄生长过程中必需的重要元素之一，葡萄对钙的需求量仅次于钾、氮，居第3位，而当葡萄进入第二次膨果期后，对钙的需求量要高于对氮的需求量。

1. 作用和缺素症状

钙参与细胞壁生成，促进细胞分裂，因此细胞分裂活跃的位置，如根尖、生长点、幼果需求较多，缺钙最直接的表现就是生长点坏死、根尖干枯死亡。钙不足还可导致根系生长受阻，严重时导致根系坏死。葡萄缺钙常发生在酸度较高的土壤中，同时过多的钾、氮、镁供应也可以使植株出现缺钙症状。缺钙时,新生嫩叶上形成褪绿斑,叶尖及叶缘向下卷曲,几天后褪绿部分变成暗褐色,并形成枯斑。缺钙可使浆果硬度下降、储藏性差等。

钙可以降低冰点温度,减少细胞内冰核的出现,从而提高新梢对寒冷的抵抗能力;钙在细胞壁中与自由水结合,可减少叶片的蒸发量,提高葡萄树的抗旱能力;叶片内钙含量较高时,光合作用产生的糖分可以快速地运输出去,光合作用的速率也可以得以提升,但果粒中钙含量高会影响糖分储存,降低葡萄的含糖量。另外,钙肥可以加强叶片强度,提高葡萄的抗病能力;钙分布在葡萄的细胞壁中,主要以果钙胶的形态存在,可以增强细胞壁的坚硬程度,减轻日灼和气灼的发生。如果缺乏钙元素,则会造成葡萄的细胞壁硬度不够,易发生裂果;钙还可以提高果粒品质,延长葡萄的保鲜期。

2. 施用时期、种类及方式

葡萄补钙有三个最佳时期,葡萄从萌芽期到坐果期吸收全年40%的钙,钙元素充足,则葡萄根系发达,新梢整齐健壮,开花、坐果好;从坐果期到硬核期吸收全年30%的钙,钙元素供应充足,则果皮发育好,硬度较高,可以防止果实裂果,根系发达,植株生长健壮,叶片肥厚,抗病能力增强;从硬核期到着色期吸收全年30%的钙,钙肥充足,可以提高果实产量,果皮增厚,减少裂果,果柄增粗、不掉粒,叶片健康不早衰。

施钙肥要以施基肥为主,勤施叶面钙肥为辅。钙元素在植株体内的传输可以在木质部自由移动,但是进入细胞内,就很难转移,而叶片产生的蒸腾压力要远大于果实产生的蒸腾压力,所以通过根系吸收的钙很少到达果实,大多被叶片吸收,而根外喷施钙肥,果实可以通过皮孔进行吸收、利用,吸收钙肥的效率远高于根系运输的钙肥。

常见的做底肥的钙肥包括生石灰、熟石灰、石膏、过磷酸钙、钙镁磷肥等,冲施性钙肥常用硝酸钙、硝酸铵钙等,叶面喷施的钙肥有硝酸钙、糖醇钙、氨基酸钙、果蔬钙等。

土壤追肥:调节好酸碱度,葡萄最适宜的酸碱度为 $6.0 \sim 7.5$,增施有机肥,提高土壤有机质含量,增加土壤现有钙的活性,并且减少新施钙被固定的机会(含磷高的肥料一定不要和钙肥一起使用,以免钙磷沉淀和固定),可在葡萄幼果期、膨大期及成熟期施用糖醇钙(糖醇、柠檬酸双螯合钙,钙含量不小于 120 g/L),防止生理缺钙对葡萄造成的裂果等危害。

叶面喷施:喷药时,选择无风或者少风的天气,细喷雾到叶片的背面,重点喷洒花序、果穗、幼嫩组织。花前(钙可以促进花粉管的萌发和伸长,因此花前使用可以提高葡萄结实率)喷洒 1 次,谢花 1~2 周后开始进行果实喷钙。

(五)镁

1. 作用和缺素症状

镁是叶绿素的重要成分,能促进叶绿素的形成,参与光合作用,以及碳水化合物、脂肪、类脂、蛋白质和核酸的合成。镁还是植物体内多种酶的活化剂,植物的光合作用、糖酵解、三羧酸循环等都需要镁的参与。随着氮、磷、钾等化肥的施用,作物产量提高,但是有机肥施入量不足或有机肥质量差,导致土壤中可置换性镁不足,从而引起土壤中的镁消耗多。此外,酸性土壤中镁较易流失,大量施用钾肥、石灰或硝酸钠会影响葡萄对镁的吸收,也易造成缺镁症。另外,在夏季大雨过后,葡萄的缺镁现象会显著发生。据有关资料介绍,目前全国约有 54% 的土壤需不同程度地补充镁肥,尤其是南方缺镁现象严重。

葡萄缺镁会改变叶绿体的结构,降低光合效率,影响其正常生长发育,致使葡萄叶片黄化、果粒变小、产量降低、果实着色差、成熟期推迟、糖分低、果实品质降低。葡萄缺镁时,蔓基部老叶叶脉间明显失绿,呈黄白色至灰白色,出现清晰的网状脉络,叶脉发紫;葡萄中部叶片叶脉绿色,脉间黄绿色。葡萄上部叶片呈水渍状,后形成较大的坏死斑块。

2. 施用时期、种类及方式

研究证明,施用硫酸镁肥可以提高果实的着色率,显著提高葡萄产量,改良果实品质,增加经济效益。

在葡萄开始出现缺镁症时,可对葡萄叶面喷施含量为 3%~4% 硫酸镁溶液,间隔 20~30 天喷施 1 次,需要喷施 3~4 次。在缺镁严重的葡萄园,可以每亩施用硫酸镁 100 kg,可采用开沟施入硫酸镁,成龄葡萄每株施入 0.9~1.5 kg,连施两年。硫酸镁与有机肥混施效果更优。

（六）锌

1.作用和缺素症状

锌是植物必需的微量元素之一,主要以 Zn^{2+} 的形式被植物吸收。锌在作物体内间接影响着生长素的合成。同时,锌也是许多酶的活化剂,对植物碳、氮代谢产生广泛的影响。锌还可增强植物的抗逆性。沙质土壤、高 pH 土壤、含磷元素较多的土壤上的葡萄树易发生缺锌现象。同时,叶绿素形成与锌关系密切,所以缺锌时容易引起叶绿素减少,从而形成失绿症。

植物缺锌,生长素不能正常形成,植株生长异常。缺锌时,新梢节间短,叶片小而且失绿,小叶小果,枝条纤细,节间短。叶片叶绿素含量低,叶脉间失绿黄化,呈花叶状。果粒发育不整齐,坐果少,花帽不易掉,出现大小粒现象,果穗上形成大量无粒小果,果实绿色且发硬,果实产量、品质下降。缺锌引起的果实大小粒,成熟时,大粒和小粒的果实都可以正常上色,而且有些小粒的果实内也可能有种子。

2.施用时期、种类及方式

防治缺锌症可从增施有机肥等措施做起,锌肥可用作基肥和追肥,通常将难溶性锌肥用作基肥,可与生理酸性肥料混合施用。轻度缺锌地块隔 1～2 年再行施用,中度缺锌地块隔年或于翌年减量施用。补充树体锌元素最好的方法是叶面喷施,一般喷施浓度为 0.02%～0.1% 的硫酸锌溶液。锌肥施用最佳时期为盛花前 2 周到坐果期,锌肥种类主要有氯化锌、硫酸锌等。另外,在剪口上涂抹 150 g/L 硫酸锌溶液,对缺锌株可以起到增加果穗重、增强新梢生长势和提高叶柄中锌元素含量的作用。落叶前施用锌肥,可以增加锌营养的储藏,对于解决锌缺乏问题非常重要和显著,采果后至落叶前 15 天可在叶面喷施含钙和锌的功能型液体肥料,也可于开花前后在叶面喷施 2～3 次含钙和锌的功能型液体肥料及含磷和锌的功能型液体肥料。

（七）铁

1.作用和缺素症状

铁对叶绿体结构的形成是必不可少的,没有叶绿体,植物就不会有叶绿素。铁是植物体内不能移动的元素,植物缺铁一般会出现在新叶上,新叶不能及时补充铁,就会使叶绿素的形成出现障碍,使幼嫩叶片失绿,仅叶脉保留绿色,叶片全面黄化,而老叶仍为绿色。严重缺铁时,叶面呈现象牙色,甚至变为褐色,形成叶片坏死,花序也变为浅黄色,花蕾脱落,坐果率严重下降,新梢变为黄绿色甚至黄色。植株缺铁往往与土壤通气状况和土壤偏碱有关。

葡萄黄化病是一个缺铁性生理病害。此病多突发在5~6月,正值葡萄花芽分化和旺盛生长的临界期,严重影响葡萄生长和果实品质。不同品种对缺铁的敏感性不同,其中以欧美杂交种(如巨峰、京亚、藤稔等)对铁的缺乏最为敏感,最易发生缺铁性黄化。

葡萄黄化病产生的主要原因如下:

(1)浇水、施肥不当,造成土壤板结,通气不良,降低根系的吸收功能与微生物的活动能力,并且由于地温低、气温高,盐碱随土壤水分蒸发而上升到地表,增加了土壤pH,从而导致土壤内植物可吸收利用的低价铁变为不能吸收利用的高价铁,引起黄化病发生。

(2)冻害原因,上年冬天,在葡萄越冬时水没有浇透,或者埋土越冬时,部分葡萄埋土厚度不够,使葡萄枝条和根系受冻,吸收、输导功能受阻,导致生理失调而引起黄化病。

(3)植株负载量过大,摘心过早过重,副梢数量增加,营养生长过旺,使铁供应不足,导致缺铁黄化。

(4)施肥比例失调,对施有机肥重视程度不够,只偏重施氮肥,而忽视磷、钾及铁、镁、锰、钼等微肥的施用,致使氮肥过量而引起黄化病的发生。

2. 施用时期、种类及方式

铁离子在土壤中的移动性很差,因此在冷湿条件下,不利于根系吸收铁元素,葡萄缺铁经常发生。同时,铁缺乏还常与土壤过分黏重、有较高pH有关,在此条件下土壤中的铁元素常转化为根系不能吸收利用的铁离子。因此,克服铁缺素症的措施应从土壤改良着手,增施有机肥,防止土壤盐碱化和过分黏重,促进土壤中铁转化为植物可利用形态。具体措施如下:

(1)冬季浇足越冬水,及时埋土防寒,做到安全越冬。埋土厚度30

cm 以上，防止根系和枝条受冻害。

（2）增施有机肥，改善土壤理化性质及通气状况，促进土壤内的微生物活动，有效调节土壤的酸碱度，提高树体吸收功能，增强树体抗性。

（3）加强中耕，提高地温，促进根系生长。

（4）适时抹芽、摘心，减少副梢数量，从而减少铁元素的分配利用，提高叶片的光合作用。

（5）叶面喷施含铁元素水溶肥，促使植物正常生长，提高树体本身抗性，减轻黄化病发生。在生长前期每隔 7~10 天喷 1 次螯合铁 2 000 倍液或 0.5% 硫酸亚铁加 0.3% 尿素，连喷 3~4 次。注意铁缺素症的矫正，通常需要多次进行才能收到良好效果。葡萄发芽前，土壤补施硫酸亚铁，每株沟施或穴施 50~100 g，若掺入有机肥中施用效果更好，也可以把硫酸亚铁与有机肥按 1:（10~20）比例混合后施到葡萄树下。

葡萄缺铁黄化时，单独喷施铁肥，病叶只呈斑点状复绿，新生叶仍然黄化，效果不良。若在铁肥溶液中加配尿素和柠檬酸，则会取得良好的效果，溶液的配制方法是：先在 50 kg 水中加入 25 g 柠檬酸，溶解后加入 125 g 硫酸亚铁，待硫酸亚铁溶解后再加入 50 g 尿素，即配成 0.25% 硫酸亚铁 + 0.05% 柠檬酸 + 0.1% 尿素的复合铁肥。

（八）硼

1. 作用和缺素症状

硼可以促进碳水化合物的转运，促进授粉，并调节有机酸的形成和转运。植物体内含硼量适宜，能改善作物各器官的有机物供应，使作物生长正常。它在花粉中的量，以柱头和子房含量最多，能刺激花粉的萌发和花粉管的伸长，使授粉能顺利进行。缺硼时，有机酸在根中积累，根尖分生组织的细胞分化和伸长受到抑制，发生木栓化，引起根部坏死。硼还有增强作物抗旱、抗病和促进作物早熟的作用。

葡萄缺硼时可抑制根尖和茎尖细胞分裂，生长受阻，表现为植株矮小，枝蔓节间变短，副梢生长弱；叶片变小、增厚、发脆、皱缩、向外弯曲，叶缘出现失绿黄斑，叶柄短、粗。根短、粗、肿胀并形成结，可出现纵裂。缺硼还可导致开花时花冠不脱落或落花严重，花序干缩、枯萎、坐果率低，无籽小果增加。严重缺硼的果园，还可以发现叶片有西瓜皮样花叶或对太阳看有花斑,生长迟缓,新梢生长慢。

2.施用时期、种类及方式

硼砂可用作基肥和追肥,由于硼砂显碱性,最好单独施用,早期硼砂是作为除草剂使用的。因此,施用硼砂时,量不可过大。缺硼土壤施硼宜在秋季每年适量进行,每亩每年施入硼砂 1 kg,效果好于间隔几年一次大量施入,或者配合复合肥施用 15% 基施颗粒硼肥。土壤施入时,应注意施入均匀,以防局部过量而导致不良效果。叶面喷硼肥,可喷 0.3% 硼酸(或硼砂),在花前 1 周开始,连喷 2 次,在幼果期可以增喷 1 次。缺硼的葡萄最好在采果后叶片喷施糖醇螯合的含单质硼的微量元素液体肥或者使用 21% 四水八硼酸二钠粉剂叶面硼肥,严重缺硼的葡萄园,可在葡萄花序分离期,对叶片喷施糖醇螯合的含单质硼的微量元素液体肥 1~2 次。秋季叶面喷硼效果更佳:一是可以增加芽中的硼元素含量,有利于消除早春缺硼症状;二是此时叶片耐性较强,可以适当增加喷施浓度而不易发生药害,在叶面喷肥的同时应注意土壤施硼。

第三节 水分调控与管理

水是限制葡萄生长的重要因子,其树体内的一切生命活动必须在有足够水分供给的条件下才能进行。葡萄是需水较多的果树,叶面积大,蒸发水量多,但是土壤中水分的含量受到多种因素的影响,往往不能与葡萄生长发育周期相一致。

一般认为,土壤中的适宜含水量为 60%~80%,此时,土壤中的水分与空气状况最符合树体生长结果的需要。果园灌水要根据葡萄生长发育的关键需水时期和土壤的水分状况合理调控水分的供应。在葡萄生长季,田间土壤持水量保持在 60%~70% 为宜,果实成熟期,持水量保持在 50%~60% 为宜,浆果含糖量较高,有利于储藏。

一、灌水时期

（一）促芽水

春季出土上架后至萌芽前灌水，促进芽眼萌发整齐，为葡萄开花坐果创造一个良好的水分条件，萌发后新梢生长较快，使叶面积增大，增强光合作用，为当年生长结果打下基础。可以结合灌水追施冲施肥及腐熟鸡粪。北方春季干旱，葡萄长期处于潮湿土壤覆盖下，出土后，不立即浇水，易受干风影响，造成萌芽不好，甚至枝条抽干。

（二）开花前灌水

开花前 10 天，是一个关键浇水期，此时期新梢和花序迅速生长，根系也开始大量发生新根，同化作用旺盛，蒸腾量逐渐增大，需水较多。落花后约 10 天，也是关键需水时期，此时，新梢迅速加粗生长，基部开始木质化，叶片迅速增大，新的花序原始体迅速形成，根系大量发生新侧根，根系在土壤中吸水达到最旺盛的程度，同时浆果第一个生长高峰期来临，是关键的需肥需水时期。

但是，花期如果遇到雨水或灌水过多，会降低地温，土壤湿度过大，新梢生长过旺，营养生长过强，从而影响授粉受精，最终导致落花落果。在透水性强的沙土地区，如天气干旱，在花期适当浇水有时能提高坐果率。

（三）浆果膨大期灌水

从开花后 10 天到果实着色前这段时间，果实迅速膨大，新梢、叶片和根系都在快速生长。另外，在这一阶段，外界气温高，叶片蒸腾失水量大，植株消耗大量水分，是葡萄全年生长发育中的水肥临界期。如果水分供应不足，新梢、叶片和根系之间会争夺水分，影响根系对养分的吸收和叶片光合作用的正常进行，导致地上部分生长明显减弱，产量显著降低。而果实成熟期间水分供应过多，会延迟葡萄成熟，使果实品质变差，并且影响枝蔓成熟。所以，开花后和果实成熟前，一般应隔 10 ~ 15 天灌 1 次水，减少生理落果；而鲜食品种在果实采收前 15 ~ 20 天应停止灌水。

（四）采收后灌水

由于采收前较长时间未灌水,树体的养分和水分消耗很大,葡萄植株已缺水,因此采收后应立即灌 1 次水,以有利于树势的恢复,并可增强后期的光合作用。

（五）防寒水

北方地区,在冬剪后埋土防寒前应灌 1 次水,使土壤和植株充分吸水,保证植株安全越冬,防止早春干旱,对翌年的结果丰产具有重要的作用。

二、灌水方法

我国葡萄生产园中常见的灌溉方式主要有大水漫灌、沟灌、分区灌溉和穴灌等传统方式和 20 世纪 60～70 年代国外兴起的滴灌、喷灌和渗灌等高效节水的先进灌水方式。与传统方式相比,滴灌、喷灌和渗灌等省水、省工,不受季节、区域、水污染等限制,且灌溉均匀,不破坏土壤的团粒结构,提高土壤的通气性,因此近年来在我国得到了广泛的推广和应用。

（一）滴灌

滴灌即滴水灌溉的简称,是一种先进、高效、节水的灌溉方法,对平地、山地、坡地葡萄园都十分适用。其方法是利用滴灌系统,将水和溶于水中的肥料溶液加压、过滤,经逐级管道输送到设在葡萄架面的滴水管中,通过滴头滴渗到根际土壤中,使根际土壤经常保持一定的含水状态。

滴灌管的滴头镶嵌于滴灌管内壁,水通过狭长的流道,与道壁摩擦消压,使各部位滴头出水压力均衡。滴灌管滴头间距一般根据栽种的葡萄植株株距设定,并可输送水溶性肥料溶液。滴灌管的管长与畦长相同,用专用配件将内镶式滴灌管与放置在灌溉地端面的输水管连接即可。小单元滴灌系统由微型首部、输水管道和灌溉器三个部分组成。微型首部采用单相或三相小功率自吸式水泵为结构主体,在其上组装了滤网式过滤器和吸肥器,形成体积小巧、功能齐全、移动轻便的枢纽整体。吸肥器置于水泵入水口,通过水泵的吸力,在灌溉的同时把肥料吸入灌溉系统,可实现肥水同灌,肥料的用量和浓度可人为调控。输水管采用外径 25 mm、管壁厚 2.5 mm 的黑色聚乙烯塑料管。

滴灌在葡萄生产上的应用优势如下:

(1)省工节水,降低能耗。滴灌将水分供应到作物根系分布范围内的土壤上,加上配备管网输水,减少了输水损失,水资源利用率可达95%以上。而传统灌溉方法因渠道和畦沟渗漏、蒸发等损失,水利用率一般为45%,明显提高了水的利用率,并且节约灌溉用电。

(2)减少养分流失,提高肥料利用率。传统灌溉方式用水量大、所施肥料随水分流失较多,肥料利用率不高。利用滴灌施肥的肥料几乎全部随水渗入耕作层内,土层表面化肥积留较少,有效防止了养分流失,大大提高了肥料的利用率,因而节省了肥料用量,同时减少了化肥对农区水系的污染。

(3)降低湿度,减少病害发生。葡萄设施栽培中的土壤和空气的"高湿"问题是引起设施栽培病害多发的主要环境因子。采用滴灌加地膜覆盖,有效地控制土壤中的水汽向空间的散发,与传统的沟畦灌溉相比,能有效地降低棚内的空气湿度,保持相对干燥,减少设施栽培作物的病害发生。

(4)有助于克服葡萄设施栽培生产中"土壤次生盐渍化"问题。随着葡萄设施栽培的不断发展,设施内土壤得不到雨水的自然淋洗,"土壤次生盐渍化"问题正在加剧,而滴灌适时向土壤中补充作物生长所需要的大量水分,使设施内土壤的水分供需保持平衡,减少作物生长过分依赖土壤中地下水的状态,减少不能被作物吸收利用的元素在棚内土壤中的大量滞积,因而减轻或延缓了设施栽培产生的土壤次生盐渍化问题。

(5)促进作物优质高产。滴灌能适时适量、均匀准确地为作物补充水分,使作物在最佳的水分状态下生长,并使土壤不易板结,灌溉质量大为提高,促进了葡萄的优质高产。如大棚滴灌比常规灌溉亩产量提高18.6%~24.5%,畸形果比例下降8%;上市期提早7~10天,产量增加12%以上,外观品质明显改善,商品率和优质率大大提高。

（二）喷灌

喷灌是把灌溉水喷到空中成为细小水滴，再落到地面，像阵雨一样的灌水方法。在每株树下，安置1~4个微量喷洒器（微量喷头），喷洒速度大，每小时可放射出60~80 L水，因此不易阻塞喷头。每周供水1次即可，因为安置在树冠下面，又可兼施除草剂和防线虫的药剂。

（三）渗灌

为解决干旱地区果园的灌水问题，近年来，在山东、河北、北京和山西等地相继采用了果园渗灌技术。渗灌与地下滴灌相似，只是用渗头代替滴头全部埋在地下，渗头的水不像滴头那样一滴一滴地流出，而是慢慢渗流出来，这样渗头不容易被土粒和根系堵塞。

三、葡萄园排水

葡萄园土壤积水过多，根系呼吸受阻，出现涝害，对生长结果影响很大。因此，在南方和低洼地区的葡萄园，做好夏、秋季果园排水十分重要。目前，葡萄园排水多采用挖沟排水法，即在葡萄园规划修建由支沟、干沟、总排水沟贯通构成的排水网络，并经常保持沟内通畅，一遇积水则能尽快排出葡萄园。

第八章 葡萄病虫害防治

根据相关数据统计,目前,我国葡萄产业呈持续发展的趋势。但是,葡萄生产中的病害和虫害是限制葡萄产业发展的重要因素。常见的葡萄病害主要有白粉病、霜霉病、灰霉病、酸腐病、炭疽病、黑痘病、白腐病、褐斑病、葡萄蔓枯病等,常见的虫害有透翅蛾、虎夜蛾、虎天牛、粉蚧、红蜘蛛等。由于疏忽或防治不恰当、不及时等,导致葡萄的大面积减产,严重的还会出现植株死亡,造成严重的经济损失。在适当的时期,防治病虫害的发生对葡萄丰产具有重要的意义。

第一节 葡萄主要病害

一、白粉病

(一)危害症状

叶片感病后,会产生覆有一层白色粉状物的白色斑块,严重时白色粉状物布满全叶,病叶卷曲、枯萎以致脱落。新梢、叶柄、果梗和穗轴感病后,在表面出现黑褐色网纹,上有白色粉状物。幼果果实形成褪绿斑块,果面上有星芒状花纹,上有白色粉状物,严重时病果停止生长或畸形,味酸。临近成熟的感病果实,多雨时会在果实表面有网状纹路,易裂开腐烂。

(二)发病规律

葡萄白粉病是真菌性病害,病原菌在被害组织内或芽鳞间越冬,产生的菌丝体或闭囊壳是春季初侵染的主要来源,春季温度达到 4~7℃、相对湿度为20%时,分生孢子就借助风雨和昆虫传播,到达被害组织,萌发侵入,引起发病;20~27℃是病害发展的最合适温度。高温干旱有利于白粉病的发生,雨水多的地区,设施栽培的葡萄,最有利于白粉病的发生和流行;生长季节干旱的葡萄种植区,有利于白粉病的发生和流行;对于雨水中等的葡萄种植区,遇到干旱年份,白粉病的发生和流行概率就大。

(三)防治技术

(1)冬季剪除病梢,清扫病菌残体,减少病源;及时排水,通风透气,降低湿度;控制氮肥施用量,适当增施磷、钾肥,增强树势。

(2)在春季芽膨大而未发芽前,喷3~5波美度石硫合剂。发芽后,用70%甲基硫菌灵可湿性粉剂1 000倍液、1%多抗霉素或百菌清1 000倍液进行喷雾,每7~10天喷1次,连续喷3次,喷药时注意安全间隔期。例如,甲基硫菌灵在果实采摘前20天停止使用。

(3)在设施内,可以采用烟雾预防。直接在棚内点燃乙嘧酚磺酸脂烟雾剂,每亩用量约200 g。发病初期每10天左右1次,发病盛期每8天1次。

二、霜霉病

葡萄霜霉病是一种世界性葡萄病害,在我国各葡萄产区均会发生,尤其是多雨潮湿的地区易于发病。

(一)危害症状

主要危害叶片,也会危害新梢、叶片、花蕾和幼果等植物组织。在枝梢表面形成白色霜霉状物;叶片感病后,在叶片正面多形成黄色多角形或近似圆形的半透明油渍状病斑,背面产生白色霜霉状物,严重时叶片焦枯早落,新梢生长不良;同时,霜霉病还可危害果轴和花蕾,在危害部位产生白色霜霉状物,果实变硬萎缩,不但产量降低,品质下降,并且降低植株抗寒性。

(二)发病规律

以卵孢子在病叶或其他组织上越冬,翌年卵孢子萌发产生孢子囊,孢子囊释放游动孢子,随风雨传到寄主叶片上,从叶片背面气孔侵入。只要条件适宜,在葡萄生长季节能不断产生孢子重复侵染,一般在秋季发生,7月前后开始发病,8~9月为发病盛期。低温、潮湿、多雨、多露水及通风不良的天气有利于霜霉病发生。果园管理粗放、栽植过密、通风透光不良,会导致果园小气候湿度增加,也有利于霜霉病的发生。

（三）防治技术

（1）清除越冬病菌来源。结合冬剪,剪除病弱枝梢,清扫枯枝、落叶,集中烧毁。在植株及地面喷 1 次 3 ~ 5 波美度石硫合剂。

（2）加强栽培管理。增施有机肥,科学追肥,避免过量施氮肥;棚架要有适当的高度,及时绑蔓,合理修剪;在近地面的部位尽量不留枝叶。

（3）建园避免地势低洼,雨季注意排水。

（4）药剂防治。发病初期,喷 78% 波尔·锰锌可湿性粉剂 600 倍液 1 次;发病后,喷 50% 瑞毒霉可湿性粉剂 600 倍液、58% 瑞毒霉 600 倍液、90% 乙磷铝 600 倍液、9% 安可锰锌 800 倍液等防治,要交替用药,间隔 10 天左右喷 1 次。

三、灰霉病

（一）危害症状

由半知菌亚门真菌引起,主要从伤口入侵,在花期气温低且空气湿度大的天气,最容易诱发灰霉病的流行,常造成大量花穗腐烂脱落。主要危害花序、幼果和已成熟的果实,有时也危害叶片、新梢、穗轴和果梗。春季葡萄萌芽展叶即可感染灰霉病,花穗和刚落花后的小果穗易受侵染,多在开花前发生,受害初期,花序似被热水烫状,呈暗褐色,组织软腐,在湿度较大的条件下,受害花序及幼果表面密生灰色霉层;在干燥条件下,被害花序萎蔫干枯,幼果极易脱落。果梗和穗轴受害,初期病斑小,褐色,逐渐扩展,后变为黑褐色,环绕 1 周时,引起果穗和果粒干枯脱落,有时病斑上产生黑色块状的菌核。果实受害,多从转色期开始,初为直径 2 ~ 3 mm 的圆形稍凹陷病斑,很快扩展至全果,造成果粒腐烂,并迅速蔓延,引起全穗腐烂,上面布满鼠灰色的霉层,并可形成黑色菌核。叶片受害,多从叶片边缘和受伤的部位开始,湿度大时,病斑迅速扩展,形成轮纹状不规则大斑,其上生有鼠灰色的霉层,天气干燥时,病组织干枯,易破裂。发病部位产生鼠灰色的霉层是灰霉病主要的病症特点。

（二）发病规律

灰霉病通过菌核和菌丝体在枝条或芽上越冬,越冬后萌发产生分生孢子,一般通过伤口侵入,也可以直接侵入;侵染部位包括花帽、柱头、果梗、果实、新梢和叶片等。当湿度达到 90% ~95% ,温度为 22.5 ℃时,只需 15 h 即可侵入组织,引起发病;当温度高于或低于 22.5 ℃时,侵入时间稍长,但整个侵入过程不超过 30 h。发病后,导致花序腐烂和果实腐烂。

（三）防治技术

（1）物理防治。

通过清除发病组织和病果、落叶等,减少来年初侵染的来源。多施有机肥和磷、钾肥,控制速效氮肥,防止徒长。

（2）药剂防治。

花前喷 1 ~2 次药剂预防,可交替使用 70% 甲基托布津可湿性粉剂 800 倍液、50% 多霉威 750 倍液等。在幼穗期至收获前 30 天,共喷 3 ~4 次药,可选用 50% 农利灵可湿性粉剂 1 500 倍液、50% 多菌灵可湿性粉剂 500 倍液等。还可喷施福美双、异菌脲、乙烯菌核利、嘧霉胺、腐霉利、甲基硫菌灵、抑霉唑、啶酰菌胺等。

四、酸腐病

（一）危害症状

果实腐烂,套袋果实发生尿袋现象,果实有明显的醋酸气味;正在腐烂的果实内有果蝇幼虫;果实中腐烂流出的汁液到达的地方进一步腐烂,最终导致整穗腐烂。

（二）发病规律

病菌从冰雹、风、蜂、鸟等形成的伤口进入浆果,伤口的存在成为真菌和细菌存活、繁殖的初始因素,同时可以引诱醋蝇产卵。醋蝇在爬行、产卵过程中传播虫体上携带的细菌,并通过幼虫取食、酵母及醋酸菌的繁殖等造成果粒腐烂,从而导致葡萄酸腐病的大发生。发病时期,果实转色后至成熟期开始发病,北方产区一般是从 7 月中旬开始直至采收结束(9 月下旬)。

（三）防治技术

（1）品种抗性利用。

在雨水多的区域种植不易裂果的品种,禁止不同成熟期的品种混合种植。

（2）农业措施。

结合葡萄园栽培管理,避免果实上出现伤口、避免果穗过紧。先摘袋,然后剪除病果粒,再重新套袋。

（3）化学防治。

封穗期用400倍波尔多液喷施;转色期用400倍波尔多液与杀虫剂混合喷施;葡萄成熟期(成熟期10～15天)再喷施1次400倍波尔多液。

五、炭疽病

（一）危害症状

炭疽病主要危害果实,浆果着色后期接近成熟时发病最重。一般距地面近的果穗尖端先发病,初期在果面上产生水浸状的褐色小斑点,逐渐扩大,呈圆形深褐色病斑,略凹陷,2～3天后,产生小黑点,排列呈同心轮纹状。发病重时,病斑扩展到整个果面,果粒变软、腐烂,逐渐失水干缩,变成僵果脱落。

（二）发病规律

病菌主要以菌丝体在1年生枝蔓表层组织及病果上越冬,也能在叶痕、穗梗及节部等处越冬。第二年春季,当外界气温达到15 ℃以上、有足够的湿度时,带菌的枝蔓上即开始产生分生孢子,通过风雨传播,引起初次侵染。高温高湿有利于炭疽病的发生,一般从6月下旬至7月上旬开始危害,8月进入发病高峰期,副梢带菌率最高。侵染后,在被害组织产生分生孢子,再次引起侵染。

（三）防治技术

（1）消除越冬菌源。

结合冬剪,清除留在植株和支架上的副梢、穗轴、卷须、僵果等,把落地的枯叶、落叶彻底清除烧毁或深埋。

(2)药剂防治。

春季萌芽前,喷洒5波美度石硫合剂;6月下旬开始喷药,每隔15天喷1次,共喷药3~4次,可使用10%施保功可湿性粉剂1 500倍液、78%科博800倍液、65%代森锌可湿性粉剂500倍液、50%多菌灵600倍液或70%甲基硫菌灵800~1 000倍液等喷雾防治,重点部位是结果母枝。套袋前,用97%抑霉唑4 000倍液或20%苯醚甲环唑喷施。果实转色期和成熟期,严格监测、适时保护,喷施适当的波尔多液或美铵。

六、黑痘病

(一)危害症状

葡萄黑痘病又名疮痂病,俗称"鸟眼病",是葡萄的一种主要病害。自发芽开始,到采收后期均可危害,主要危害葡萄的绿色幼嫩部位,如果实、果梗、叶片、叶柄、新梢和卷须等。叶受害后,初期发生针头大褐色小点,之后发展成黄褐色、直径1~4 mm的圆形病斑,中部变成灰色,稍凹陷,边缘暗褐色,后期病部组织干枯硬化,脱落成穿孔。幼叶受害后多扭曲,皱缩为畸形。

果实在着色后不易受此病侵染。幼果在感病初期产生褐色圆斑,圆斑中部灰白色,略凹陷,边缘红褐色或紫色似"鸟眼"状,多个小病斑连接成大斑;后期病斑硬化或龟裂。病果小且味酸,无食用价值。

(二)发病规律

病菌主要以菌丝体在枝条的感病部位越冬,也能在病果、病叶痕等部位越冬。病菌生活力很强,在病组织可存活3~5年之久。在春天形成分生孢子器。温度在2 ℃以上时,分生孢子器即产生分生孢子。湿度和雨水是黑痘病发生和流行的主要限制因素,有2 mL以上的雨水,且自由水存在时间在12 h以上时,就可借风雨传播分生孢子。孢子发芽后,芽管直接侵入幼叶或嫩梢,引起初次侵染。侵入后,菌丝主要在表皮下蔓延。以后在病部形成分生孢子盘,突破表皮,在湿度大的情况下,不断产生分生孢子,通过风雨和昆虫等传播,对葡萄的绿色幼嫩组织进行反复侵染,温湿度条件适宜时,6~8天便发病产生新的孢子。枝蔓是远距离传播的主要方式。幼果期若多雨、湿度大,则发病重。在春季和夏季雨水较多的情况下大面积爆发,严重影响葡萄的产量。

(三)防治技术

(1)彻底清洁。

黑痘病的初侵染主要来自于病残体上越冬的菌丝体,冬季进行修剪时,先剪除病枝梢及残存的病果,刮除病、老树皮,彻底清除果园内的枯枝、落叶、烂果等,然后集中烧毁。清洁对减少翌年初侵染菌源的数量和减缓病害的发生具有重要的意义。

(2)选用抗病品种。

不同品种对黑痘病的抗性差异明显,葡萄园定植前应考虑当地生产条件、技术水平,选择适于当地种植、具有较高商品价值,且比较抗病的品种。如巨峰品种,对黑痘病属中抗类型,其他品种如玫瑰露和白香蕉等也较抗黑痘病,可根据各地的情况选用。此外,还应合理施肥,保持适宜湿度,增强树势。

(3)药剂防治。

在萌芽后到开花之前,喷施波尔多液、石硫合剂、多硫化钡、代森锰锌、福美双、多菌灵、甲基硫菌灵、三唑酮等。在重病区,可在展叶期用好力克5 000倍液对越冬病原菌进行铲除;对已经发现黑痘病的果园,当枝条长出3~4片叶片时,喷施1次800倍液退菌特,或喷施好力克4 000倍液,间隔5~7天喷施1~2次,可以有效控制病害。

七、白腐病

(一)危害症状

白腐病主要危害穗轴、果粒和枝蔓,也危害叶片。果粒感病从果梗开始,到果蒂和果刷,最后侵染果肉,果梗变褐、干枯。果穗感病后,在穗轴和果梗上产生淡褐色、水渍状、边缘不明显的病斑,逐渐扩大抑制果粒或下部果穗发育,使果粒皱缩,果中有灰白色小粒点。严重时,果粒出现灰白色软腐,全穗腐烂,病果极易受震脱落,重病园地面落满一层,这是白腐病发生的最大特点。枝蔓感病多发生在有机械伤或接近地面的部位,常纵裂成麻丝状。叶片感病后,先在叶尖、叶缘或有损伤的部位出现凹陷,形成淡褐色、水渍状、近圆形或不规则形的病斑,并扩大为同心轮纹大斑,其上散生灰白色小粒点,且以叶背和叶脉两边居多,后期病斑干枯易破裂。

(二)发病规律

葡萄白腐病的病原菌主要来自于土壤中越冬的菌源,在春季随雨水传播,只能通过伤口(冰雹、虫害、白粉病等造成的伤口)侵入果实,或通过皮孔等侵入穗轴和果梗。白腐病一般在 7~8 月发生,由于病原菌主要来自于土壤,因此距离地面近的下部果穗首先发病,然后自下而上侵染,一般从穗尖侵蚀穗轴,果实越近成熟越易感病。爆发的适宜温度为 22~27 ℃,气温低于 15 ℃或高于 34 ℃时可有效抑制白腐病的发生。

(三)防治技术

(1)减少病菌来源。清理病果穗、枝条,高架栽培;减少土壤飞扬等;生长季节,摘除病果、病蔓、病叶,尽量减少不必要的伤口。

(2)防止传播。对枝蔓进行消毒;落花后至封穗期(谢花至套袋)进行规范防治;出现伤口(冰雹等造成的伤口)时要紧急处理,伤口(冰雹等造成的伤口)12~18 h 内处理有效,超过 24 h 无效。

(3)适当提高结果部位,因地制宜采用棚架种植。

(4)药剂防治。常用的防治药剂有代森锰锌、福美双、克菌丹、多菌灵、氟硅唑、烯唑醇、苯醚甲环唑等。可用北农华云保泰 1 000 倍液 + 红彦 4 000 倍液处理伤口或发病部位,重病园中土壤消毒,用开普顿 200 倍液进行地面喷洒。

八、褐斑病

(一)危害症状

褐斑病仅危害叶片,大褐斑病病斑近圆形,直径在 3~10 mm,中心有深浅间隔的褐色环纹,有时外围有黄色晕圈。天气潮湿时,在病斑表面及背面散生深褐色霉丛。发病重时,数个病斑连接在一起呈不规则形的大病斑,直径可达 20 mm 以上,后期病斑组织干枯破裂,导致早期落叶。小褐斑病病斑为褐色、近圆形,直径 2~3 mm,大小一致。一片病叶上可有数个至数十个病斑。后期病斑背面产生深褐色霉状物。

(二)发病规律

病菌以菌丝体和分生孢子在落叶上越冬,作为翌年的初侵染源,至翌年初夏长出新的分生孢子梗,产生新的分生孢子,分生孢子通过气流和雨水传播,引起初侵染。此病潜育期20天左右,分生孢子发芽后从叶背气孔侵入,通常自植株下部叶片开始发病,逐渐向上部叶片蔓延。病菌侵入寄主后,于环境条件适宜时,产生分生孢子,引起再次侵染,造成陆续发病。直至秋末,病菌又在落叶病组织内越冬。褐斑病一般在产生第一批老叶时(6月)开始发生。大量老叶存在时(7~9月)为发病盛期。

高温多雨是该病发生和流行的主要因素。因此,夏秋多雨地区或年份发病重;管理粗放、田间小气候潮湿、树势衰弱的果园发病重。果园地势低洼、潮湿、通风不良易发;挂果负荷过大发病重。

(三)防治技术

1. 清洁果园

秋后及时清扫落叶并烧毁。冬剪时,将病叶彻底清除扫净、烧毁或深埋。

2. 加强管理

及时绑蔓、摘心、除副梢和老叶,创造果园通风、透光条件,减少病害发生。增施有机肥和喷施磷酸二钾3~4次,提高植株抗病力。

3. 药剂防治

由于病害一般从植株下部叶片开始发生,之后逐渐向上部蔓延。因此,第一、二次喷药要着重喷基部叶片。早春芽膨大而未发病前,结合防治其他病虫害,喷3~5波美度石硫合剂。6月展叶后,每10天左右喷1次半量式(1:0.5:200)波尔多液,也可喷80%代森锌可湿性粉剂500~600倍液,或50%多菌灵可湿性粉剂800~1 000倍液。

九、葡萄蔓枯病

(一)危害症状

葡萄蔓枯病主要危害2年生以上枝蔓茎基部及新梢、果实。茎蔓基部近地表处易染病,初期病斑红褐色,略凹陷,后扩大成黑褐色大斑,秋天病蔓表皮纵裂为丝状,易折断。主蔓病部以上枝蔓生长衰弱,叶色变黄并枯死。新梢叶缘卷曲、枯萎,叶脉、叶柄及卷须常生黑色条斑。幼果表面生灰黑色病斑,果穗发育受阻。果实后期受害,在果实表面产生密集的黑色小点粒。

(二)发病规律

病菌以分生孢子器或菌丝体在病蔓上越冬,产生子囊壳的地区也可以子囊壳越冬。翌年春末夏初释放分生孢子,通过风雨和昆虫传播。分生孢子在 4~8 h 高湿条件下,通过伤口、气孔和皮孔侵入老蔓。病菌侵入后如寄主生活力旺盛、抗性强,则病菌呈潜伏状态。潜育期都在1个月以上,多数当年不表现症状。寄主衰弱时出现小瘤,1~2 年后形成典型症状以致枯死。

(三)防治技术

(1)冬季剪除病蔓并烧毁;及时排水,通风透气,降低湿度,注意防冻;控制施氮肥,适当增施磷、钾肥,增强树势;尽量减少不必要的伤口。

(2)及时检查枝蔓,发现病斑后,轻者用刀刮除病斑,重者剪掉或锯除,伤口用 50% 三氯异氰尿酸片剂 1 000 倍液或 45% 晶体石硫合剂30 倍液消毒。

(3)葡萄发芽前,用 5 波美度石硫合剂,或 50% 三氯异氰尿酸片剂1 000 倍液喷 1 次。

(4)5~6 月间,可选用苯醚甲环唑、百菌清、氢氧化铜进行防治,重点保护二年生以上的枝蔓。

第二节　葡萄主要虫害

葡萄虫害的频发严重影响葡萄产业的发展。葡萄虫害种类繁多,发生规律比较复杂,因此只有加强综合防治,才能降低葡萄产量和质量的损失。防治葡萄虫害的主要技术措施包括以下几个方面:

（1）加强检疫工作。这是防止虫害扩散的最好方法。对国产和进口的葡萄种子、幼苗、接穗等进行检疫，一旦发现带有病原的产品，要当场销毁。有条件的地方可以设立专门观察基地，进行隔离观察。

（2）使用对人体无毒害的农药。这是防治虫害的必要手段。根据不同虫害的发生规律选择不同种类和不同比例的化学农药进行喷洒，达到治疗虫害的效果。

（3）物理防治法。这是防治虫害的有效手段。随着无公害、绿色有机农业的发展，人们对水果安全越来越重视。对于标准化的农业生产园，通过高效安全的物理技术来达到对病虫害的防治，生产出安全、绿色的高质量葡萄，是被广大消费者普遍接受的行之有效的处理方法。物理防治法主要是通过人为控制温度和湿度，破坏害虫的生存环境，如利用害虫的趋光性用灯光或粘虫板进行诱杀，在葡萄园搭建防虫网防止害虫等。此外，防虫网还兼具防暴雨和抗强风的作用。

利用有翅蚜等害虫对黄色的趋性诱杀。购买黄色诱虫板，或自制黄色诱虫板。在黄色纸板上均匀涂抹机油或黄油等黏着剂，悬挂于果园内，每亩挂 15～20 个。注意及时更换黄色纸板或黄油。

利用卷叶蛾成虫对糖、醋有较强的趋性，在生长季节，按红糖 2 份、食醋 8 份、白酒 1 份、水 10 份配制成糖醋液，盛在碗或广口瓶内，每亩放置 10 个左右的碗或广口瓶，可诱杀金龟子、卷叶蛾等害虫。

（4）生物防治法。这是防治虫害的辅助手段。主要采用的是以虫治虫的方法，其危害性小，是一种可持续发展的方法。但是该技术的应用需要有较强的科技水平作为支撑。

下面介绍几种葡萄常见虫害的形态特征、发生特点及防治措施。

一、透翅蛾

（一）形态特征

透翅蛾属于鳞翅目，透翅蛾科，是葡萄产区主要害虫之一。成虫全身黑色，带蓝色光泽，腹部背面有 3 条黄色横带，第 3 节段腹节中央最宽，第 3 节最细。老熟幼虫红褐色，胴部黄白色，带紫红色圆筒形，前胸有一个倒八字形纹。

（二）发生特点

透翅蛾主要危害葡萄枝蔓,幼虫一般从叶柄基部或节间处进入嫩梢或者 1～2 年生枝蔓中,蛀入后一般向嫩蔓方向蛀食,导致嫩梢枯死。枝蔓被害部位肿大呈瘤状,蛀孔外逐渐膨大,有褐色粒状虫粪,附近叶片发黄,果实脱落,枝蔓易被风吹断枯死。1 年发生 1 代,以幼虫在葡萄蔓内越冬。第二年 5 月上中旬,越冬幼虫在被害枝条内化蛹,6～7月羽化成虫,成虫在嫩梢或腋芽基部产卵,10 天后孵化出幼虫,先取食嫩叶、嫩蔓,而后从叶柄基部或节间蛀入枝蔓内为害。

（三）防治措施

结合冬季修剪,剪除被害枝蔓,并在幼虫羽化之前将被害枝蔓处理完毕,生长季节经常检查枝蔓生长情况,发现有虫粪或枯枝,及时剪除。最好在产卵或幼虫孵化的关键时期进行农药喷洒,常用药物 20% 杀灭菊酯乳剂 4 000 倍液、敌杀死 3 000 倍液、20% 氯虫苯甲酰胺 1 500倍液或 50% 杀螟松乳油 1 000 倍液防治。若大蔓被蛀,可用脱脂棉蘸敌杀死 1 000 倍液塞入蛀孔,杀死幼虫。此外,在药剂防治时,应注意药剂比例合理,防治农药过多导致葡萄产生抗药性和果实上残留农药。

二、虎夜蛾

（一）形态特征

虎夜蛾成虫头、胸部及前翅紫褐色,体翅密生黑色鳞片。前翅后缘区大部分暗紫色,内外横线均为双线,灰黄色,两线间有肾状纹和环状纹各 1 个,后翅橙黄色、外缘区黑褐色,翅中有一黑点,腹部杏黄色,背面有一系列紫棕色毛簇。老熟幼虫头部橙黄色,翅上有明显黑点,胸腹背面淡绿色,前胸背板及两侧为黄色,各体节有黑色斑点,疏生白毛,第8 腹节突起。

（二）发生特点

幼虫主要危害嫩叶,危害后叶片出现缺刻和大小孔洞,甚至能把叶肉吃光,仅残余叶脉,严重时可以咬断小穗梗或果梗。以蛹在根部附近或葡萄架下土中越冬,第 1 代幼虫在 6～7 月危害葡萄叶片,7 月中旬化蛹,8 月上中旬出现第 2 代成虫,8～9 月为第 2 代幼虫危害期,幼虫老熟后,入土作茧化蛹越冬。

(三)防治措施

在冬季埋土防寒或早春出土时,杀灭越冬蛹;在幼虫期进行人工捕杀,也可喷灌50%敌敌畏乳油1 000倍液,或90%晶体敌百虫800倍液防治,效果较好。

三、虎天牛

(一)形态特征

虎天牛成虫头部和虫体大部分是黑色的,前缘基部各有1/2月牙形黄色带,后部各有1条黄色横带,翅末端平直,外缘角尖锐,呈刺状。老熟幼虫乳白色,无足、头小,前胸板宽大,淡褐色。

(二)发生特点

以幼虫为害一年生枝蔓或多年生枝蔓。初孵幼虫蛀入新梢皮下为害,幼虫食量小难以看出,待长大食量增加,受害部位以上新梢枯萎致死,有时被害枝蔓黑色或发芽后枯萎,较易识别。1年发生1代,以幼虫在被害枝蔓里越冬。随着幼虫的长大,食量增大,危害较重。此时,受害的上部枝叶枯萎而死,而后羽化为成虫,在芽周围为害,后蛀入木质部。秋冬季在被害的枝蔓里越冬。被害部位变成黑色,容易识别。

(三)防治措施

结合修剪,集中烧毁发黑的枝条;发生成虫时,喷洒40%杀螟乳油1 000倍液,或50%敌敌畏1 000倍液防治;用细铅丝刺杀葡萄枝蔓内幼虫,或用棉球蘸敌敌畏乳油1 000倍液塞入蛀孔,毒杀幼虫。

四、粉蚧

(一)形态特征

粉蚧雌成虫无翅,体扁平,椭圆形体表覆白色蜡质物。雄成虫紫黑色,仅有1对透明前翅,后翅退化成平衡棒,尾毛较长,仅雄虫有蛹,淡紫色。幼虫体扁平,椭圆形,淡黄色,触角和足较发达。

(二)发生特点

成虫和幼虫在叶背、果实阴面、果穗梗、枝蔓等处刺吸汁液,果实或穗梗被害,表面呈棕黑色油腻状,不易被雨水冲洗掉,严重时整个果穗被棉絮物所填塞,失去经济价值。以卵在被害枝蔓裂缝和老皮下越冬,尤以老蔓节上和主蔓近根部的老皮下居多。葡萄发芽时越冬卵孵化幼虫,分散于嫩梢的叶腋、节间及幼叶背面吸取汁液为害。一般枝条过密的果园、果实着生较紧的品种受害较重。

(三)防治措施

合理修剪,防枝叶密,秋季修剪时,清除枯枝,剥除老皮,刷除越冬卵块,集中烧毁;喷 50% 三硫磷乳油 2 000 倍液,或 50% 敌敌畏乳油 1 000 倍液防治。果穗被害可用 25% 亚胺硫磷乳油 300 ~ 400 倍液浸穗,杀死穗内幼虫。

五、红蜘蛛

(一)形态特征

葡萄红蜘蛛又名葡萄短须螨。雌螨体长 0.3 mm、宽 0.15 mm,长卵圆形,扁平,赤褐色,腹背中央红色并纵向隆起,背面体壁有网状纹,背毛短,足 4 对。雄螨体较小,长 0.27 mm、宽 0.14 mm,卵圆形,红色。幼螨体红色,足白色,体两侧中后足间各有 2 根叶片状刚毛,腹部末端周围有 4 对刚毛,其中第 3 对为长刚毛,其余为叶片状。

(二)发生特点

主要以若虫和成虫在葡萄幼嫩的新梢基部、叶片、果梗、果穗和副梢上为害。叶片受害时,叶面产生黑褐色斑块,造成叶片早落,危害果梗、穗轴,使其变黑坏死,形成"铁丝蔓"。1 年发生 6 ~ 7 代。以雌成螨在老蔓皮缝、叶腋及松散的芽鳞茸毛群集越冬。4 月中下旬,萌芽后出蛰,多在叶背主脉两侧附近吸汁为害,随着新梢的生长向幼嫩新梢部位延伸扩散,6 月危害叶片,盛期间转向果梗、果穗等部位。10 月又转移叶腋间,11 月转入越冬。

(三)防治措施

清扫园地,集中烧毁落叶,并刮除老皮,消灭越冬雌成螨;春季芽眼萌发时,喷洒 3 ~ 5 波美度石硫合剂;生长期喷洒 0.2% ~ 0.3% 石硫合剂或 40% 乐果乳油 1 000 倍液。

六、葡萄瘿螨（葡萄毛毡病）

（一）形态特征

葡萄瘿螨成虫圆锥形,白色或灰色,腹部有暗色环纹,体长0.10~0.28 mm,近头部生有2对足,腹部细长,尾部两侧各生有1根细长的刚毛。卵很小,椭圆形,近透明白色。

（二）发生特点

葡萄瘿螨以成螨在芽鳞或被害叶内越冬,以成螨和幼螨在叶背面危害,严重时也危害嫩梢、嫩果、卷须和花梗,被害叶背产生苍白色不规则病斑,直径2~10 mm,扩大后叶面隆起,叶背形成毛毡状,因此又称为毛毡病,毛毡由灰白色渐变为黑褐色,严重时叶片皱缩、变硬,表面凸凹不平,常引起早期落叶。6~9月发生量大,为害严重,10月上旬开始潜入芽内越冬。

（三）防治措施

选用无病害苗木,引进苗木应进行消毒,先把苗木或接穗放入30~40 ℃温水中预浸5~7 min,然后移入50 ℃热水中浸5~7 min,可杀死潜伏的害螨,或者用杀螨剂和有机硅助剂处理后再定植。定植后葡萄苗长至30 cm,连续喷两遍杀螨剂。秋冬季清扫果园,剥除老树皮。生长季节及时除掉受害枝和受害叶片,进行深埋或烧毁。春季发芽前,可用3波美度石硫合剂、20%灭扫利2 000倍液、20%螨死净胶悬剂2 000倍液进行喷药保护。生长季节喷1%阿维菌素乳油5 000倍液、2.5%敌杀死2 500倍液、10%吡虫啉可湿性粉剂5 000倍液、15%哒螨灵乳油1 500倍液等进行防治。

注意:用锡类杀螨剂防治时,必须在喷波尔多液后15天以上才可使用,而喷锡类杀螨剂后,至少7天后才可喷波尔多液;否则,就会没有防治效果。

七、绿盲蝽

（一）形态特征

绿盲蝽成虫为绿色,体长大约5.0 mm,前胸背板深绿色,上有小的刻点,前翅革质大部分为绿色,膜质部分为淡褐色。卵为黄绿色,长约1.0 mm,长口袋形,无附着物。若虫体为绿色,上有黑色细毛,触角淡黄色,足淡绿色。

(二)发生特点

被害幼叶最初出现细小黑褐色坏死斑点,叶长大后形成无数孔洞,严重时叶片扭曲皱缩,与黑痘病症状相似;花序受害后,花蕾枯死脱落,危害严重时,花序变黄,停止发育,花蕾几乎全部脱落,严重影响葡萄产量。幼果受害后,出现黑色坏死斑或者出现隆起的小疱,被害果实果肉组织坏死、脱落,严重影响产量。

(三)防治措施

早春及时清除园内杂草,减少越冬虫卵,并在新梢长到6~7片叶时,喷洒一次50.0%敌敌畏乳油1 000倍液或10.0%吡虫啉可湿性粉剂2 000倍液进行预防。发现危害后,可以使用4.5%高效氯氰菊酯乳油2 500倍液、5.0%啶虫脒乳油3 000倍液混合喷施进行防治。由于绿盲蝽白天一般在树下杂草及行间作物上潜伏,夜晚上树危害,因此喷药时应兼顾树上和树下。

八、金龟子

(一)形态特征

(1)东方金龟子,成虫体长6~8 mm,近卵圆形,黑褐色,无光泽,有极短又密的黑色或灰褐色茸毛。

(2)铜绿金龟子,成虫体长15~19 mm,椭圆形。全体背面有铜绿色,有金属光泽。

(3)苹毛金龟子,除小盾片和鞘翅外,成虫虫体上均有黄白色茸毛。鞘翅棕黄色,从鞘翅上可透视后翅折叠成V字形。

(4)白星花金龟,成虫体长20~24 mm,全体暗紫铜色,前胸背板和翅鞘表面有不规则白斑10多个。

(二)发生特点

早春自葡萄萌芽开始,金龟子即出土啃食嫩芽、花蕾、叶片和果实。金龟子的幼虫称为蛴螬,生活在土壤中,是主要的地下害虫,啃食甚至咬断幼苗根茎部,造成生长缓慢甚至全株枯萎死亡。金龟子成虫可昼夜取食活动,咬食叶片、幼果和近成熟期的果实。受害叶片形成不规则的缺刻和孔洞,造成伤口缺刻,使植物易感病,并传播病害。葡萄受害严重时,不能正常抽生新梢,树势衰弱,妨碍开花结果。金龟子成虫吸食葡萄果实,甚至钻入葡萄果粒内取食,不仅影响果实生长,降低产量,而且影响葡萄的品质。

(三)防治措施

金龟子对蓝光和黄光较敏感,可在果园内用支架悬挂蓝色或者黄色日光灯(30 ~ 40 W,每 1 300 m² 挂 1 盏),灯管高出果树棚架 1 ~ 2 m,在电灯正下方放置一盆水,加入菊酯类农药 1 000 倍液。5 ~ 8 月每天晚 7 时至第二天凌晨 5 时,开灯诱杀金龟子等害虫。没有电源的果园,可将白酒、红糖、食醋、水、90% 敌百虫晶体按 1∶3∶6∶9∶1 的比例,配成糖醋液,放在行间诱杀。利用金龟子的趋腐性,在果园四周放置腐烂秸秆、树叶、鸡粪和腐烂果菜皮等若干堆,并在每堆加入 100 ~ 150 g 食用醋和 50 g 白酒,定期向内灌水,每 10 ~ 15 天翻查 1 次粪堆,捕杀金龟子的成虫、幼虫卵及其他害虫。利用成虫的假死性,摇动树枝让成虫掉落在地上,人工捕捉收集处理;保护果园的天敌昆虫。在成虫盛发期,结合作物其他病虫害的防控喷药,药剂可选用 20 % 甲氰菊酯乳油 1 500 倍液,或 90% 晶体敌百虫 800 倍液,或灭虫灵 1 500 倍液。

九、葡萄根瘤蚜

葡萄根瘤蚜属于同翅目,瘤蚜科。

(一)形态特征

成虫分为有翅型成虫和无翅型成虫,其中无翅型成虫又分为叶瘿型和根瘤型。有翅型成虫所产的卵为有性卵,有大小之分,大的为雌卵,小的为雄卵。而叶瘿型或根瘤型成虫所产的卵均为无性卵。卵孵化为若蚜,有性的大卵孵出雌蚜,小卵孵出雄蚜。葡萄根瘤蚜的若蚜和成虫一样,也分为有翅若蚜和无翅若蚜。

(二)发生特点

葡萄根瘤蚜为单食性害虫,仅危害葡萄属植物(葡萄及野生葡萄),尤其对美洲品种危害严重。危害葡萄叶片和根部。其成虫和若虫均以刺吸式口器在葡萄的根部和叶部吸食寄主的汁液,根部受害会导致根部膨大,形成菱形的瘤状结,危害根部的称为根瘤形;叶片受害则在叶片背面形成许多粒状物,危害叶部的称为叶瘿形。在雨季,根瘤易发生腐烂,皮层裂开脱落,破坏维管束,从而影响根系对养分和水分的吸收与运送。葡萄被根瘤蚜危害后,地上部分表现为植株衰弱,产量与品质降低,风味变差,不能抽出新梢,叶片焦枯、老化、早衰;地下部分表现为根部形成根瘤。

(三)防治措施

选用抗性品种,在调运苗木时,执行严格的检疫制度。将苗木插条先放入 30 ~ 40 ℃ 热水中浸 5 ~ 7 min,然后移入 50 ~ 52 ℃热水中浸 7 min;或者用 50% 辛硫磷 1 500 倍液浸泡 1 min,每 1000 株苗木需药液 10 ~ 12 kg。用药剂处理时对地上部分、地下部分分别用药,以取得最好效果。地上部分一般主要用 10% 吡虫啉可湿性粉剂 1 500 倍液,对葡萄园植株、地面和支架等进行均匀喷雾,以杀灭地上可能存在的蚜虫;地下部分主要是葡萄根系和土壤,用二硫化碳浇灌灭杀葡萄根瘤蚜,土壤含水量 30%、土壤温度 12 ~ 18 ℃时,在葡萄根周围每平方米打深 10 ~ 15 cm 洞 9 个,春季每洞注药 6 ~ 8 g,夏季每洞注药 4 ~ 6 g,花期和采收期不能用药;或用 50% 辛硫磷乳油 500 g,均匀拌入 50 kg 细土,每亩用药量约 250 g,于 15 ~ 16 时施药,施药后随即翻入土内。

十、葡萄十星叶甲

葡萄十星叶甲属于鞘翅目,叶甲科。

(一)形态特征

卵黄绿色,后变为暗褐色,且表面有小凸起,椭圆形。幼虫体长 10 ~ 15 mm,体扁而肥,近长椭圆形;头部较小,黄褐色;胸腹部暗黄色或淡黄色,胸腹部各节两侧均有凸起的肉瘤 3 个;幼虫共有 5 龄。成虫体长 11 ~ 13 mm、宽 7.5 ~ 8.5 mm,椭圆形,黄褐色或橙褐色;体躯半圆形;头小,缩入前胸内;触角淡黄色。

（二）发生特点

成虫和幼虫主要取食葡萄、野葡萄的叶片,大量发生时将全部叶肉甚至叶芽都食尽,整个叶片只留下叶脉,造成叶片网状枯黄,并且相连成片,形成千疮百孔,严重影响葡萄的光合作用,致使葡萄缺乏营养,植株生长发育受阻,产量降低甚至绝收,同时还会严重影响绿化效果。

（三）防治措施

冬季清洁田园,铲除葡萄园附近的杂草和枯枝落叶,集中销毁,消灭越冬虫卵。利用成虫和幼虫的假死性,清晨或傍晚抖动树干,震落成虫和幼虫,集中杀死。保护和利用好害虫天敌,例如蜘蛛和螳螂类。在大面积严重为害时,可喷施低毒农药50%辛硫磷乳油1 000～1 500倍液防治。

十一、葡萄二星叶蝉

（一）形态特征

葡萄二星叶蝉卵黄白色,长椭圆形,稍弯曲,长0.2 mm。初孵化时白色,后变黄白或红褐色,体长0.2 mm。成虫体长2～2.5 mm,连同前翅3～4 mm。淡黄白色,复眼黑色,头顶有两个黑色圆斑。前胸背板前缘有3个圆形小黑点。小盾板两侧各有1个三角形黑斑。翅上或有淡褐色斑纹。

（二）发生特点

葡萄二星叶蝉主要以成虫、若虫聚集在叶背面刺吸汁液,使叶片先出现淡绿的白色小斑,危害严重时全叶淡绿苍白,最终导致叶片脱落。葡萄二星叶蝉1年发生3代,以成虫在葡萄园附近石缝、杂草和落叶下越冬。第二年春季葡萄发芽前,越冬幼虫先在桃、梨等寄主嫩叶上吸食,葡萄萌芽后,转移到葡萄植株上。5月下旬出现第一代若虫,第一、第二和第三代成虫分别发生在6月、8月中旬和9～10月,危害葡萄的整个生长季节。

（三）防治措施

秋冬季节清除葡萄园的落叶和杂草,减少越冬虫卵。生长季节,结合葡萄修剪整枝,改善树体通风透光条件,铲除杂草,减少危害。在第一代若虫发生期间,喷施2.5%敌杀死乳油2 000~3 000倍液或5%顺式氯氰菊酯乳油4 000~6 000倍液等进行防治,连喷2次,间隔7~10天。在成虫发生初期,可喷施20%速灭杀丁乳油2 000~3 000倍液防治。

十二、蓟马

葡萄蓟马又称烟蓟马,属于缨翅目,蓟马科。蓟马是一种新出现的葡萄害虫,在我国葡萄产区已有广泛的分布,近年来对葡萄的危害有日益增长之势。

(一)发生特点

危害症状主要是若虫和成虫以锉吸式口器锉吸幼果、嫩叶和新梢表皮细胞的汁液。幼果被害当时不变色,第二天被害部位失水干缩,形成小黑斑,后随果粒增大而扩大,呈现不同形状的木栓化褐色锈斑,影响果粒外观,降低商品价值,严重的会引起裂果。叶片受害,因叶绿素被破坏,先出现褪绿的黄斑,后叶片变小、卷曲畸形、干枯,有时还会出现穿孔。被害的新梢生长受到抑制。

(二)防治措施

(1)清理葡萄园杂草,烧毁枯枝败叶。

(2)在开花前1~2天喷40%氧化乐果1 000~1 500倍液,或50%马拉硫磷乳剂800倍液,或40%硫酸烟碱800倍液或2.5%鱼藤精800倍液,都有较好效果。

第三节　葡萄主要生理性病害

葡萄的生理性病害是由于葡萄在生产过程中遇到特殊的气候条件或者灾害、不良的土壤条件或有害物质时,正常的代谢作用受到干扰,正常生理机能受到破坏而在外部形态上所表现出来的生理性症状,这些症状通常表现在葡萄的叶片和果实上。葡萄的主要生理性病害有以下几种。

一、水罐子病

水罐子病也称转色病,是葡萄产区常见的综合性生理病害。此病主要是营养不足或失调所致。在浆果成熟期,遇高温多雨、树势较弱、产量高时,发病尤为严重。

发病初期是在果柄、穗轴、穗柄处出现深色坏死斑,逐渐扩大,严重时会造成某个部位环状坏死。由于这些部位受伤,影响了光合作用、水分和矿物质输导,使浆果在成熟时因营养不良而表现出症状。果粒熟后,果粒松软、病果糖度降低、味酸,果皮与果粒极易分离,用手轻掐水滴成串溢出,成为一泡酸水,受害严重时会使浆果脱水干缩,从果穗上脱落或以完全干缩状态保留在果穗上。该病会阻碍有色品种的着色,表现出着色不正常、色泽暗淡,白色品种表现为水泡状。此病大多发生在穗尖、歧尖或副穗尖上的果粒上,全穗发病很少;果粒与果柄外易离层,极易脱落。

(一)发病规律

此病一般在树势弱、摘心重、负载量过大、肥水管理水平低和有效面积小时发生较重。地下水位高或成熟期遇雨,尤其在高温后遇雨,田间湿度大、温度高时发病也较为严重。此外,凡葡萄树体处于缺钾状态,或钾肥施入不足,该病也发生较重。

(二)防治措施

(1)根据不同品种对该病敏感程度的差异,采用抗病品种。

(2)合理控制果实负载量,增加叶片数量,增强树势。

(3)降低氮肥使用量,防止徒长,花期修剪、去叶、环剥等栽培措施都可降低该病发生。

(4)加强土、肥、水管理,增施有机肥和根外喷施磷、钾、镁、钙肥。

(5)掐穗尖和掐副穗的办法也可有效减少该病的发生。

二、日烧病

日烧病(图9)在葡萄露地栽培、保护地栽培、避雨栽培、套袋栽培等各种栽培方式下均有发生,尤以干旱地区发生更为严重。温度与光照条件是影响葡萄日烧病发生的主要因素,果面高温与太阳辐射是导致日烧病发生的直接原因。葡萄果实由于受到高温强光,果皮表面温度过高,表皮组织细胞膜透性增加,水分过度蒸腾,果面局部失水,导致表皮坏死出现日烧症状。日烧病的症状主要表现在幼果上,最初果实受害部位出现浅褐色,继而形成火烧状的褐色豆粒大小的斑块或不规则斑点,以后扩大凹陷,形成褐色干疤,而未受害的部位颜色正常。皱缩症状常见于发病严重的果穗,随着病情加重,症状越来越明显,之后多形成褐色干枯果,受害处易遭受炭疽病菌危害。一般果实受害部位均为向阳面,朝西南方向的最易受害。

葡萄不同品种对日烧病的抗性存在差异。从果实成熟度来看,早熟品种发病较轻,而中晚熟品种发病较重,尤其以薄皮品种美人指、红地球、黑玫瑰等发生较为严重;从果皮厚度来看,厚皮品种(如巨峰)发病明显低于薄皮品种(如红地球);从果粒大小来看,大粒品种发病较早而重,而小粒品种发病较晚而轻。

葡萄日烧病与地表状况的关系:一般来说,无植被地块日烧病高于有植被地块,地表干燥的地块高于含水量充足的地块,沙质土壤高于黏质土壤。无植被的、干燥的沙质土壤最利于日烧病发生。离地越近气温越高,常造成近地果穗日烧病严重发生。

(一)发生规律

日烧病一般从幼果膨大期开始发病,6月最为严重,着色以后不再发生。对于该病的生理机制,有人认为主要是树体内水分缺乏或失调所致。特别在高温条件下,果面局部失水而发生日灼伤,或者因渗透压高的叶片向渗透压低的果实争夺水分,使果粒局部失水所造成。日烧病发病轻重与品种有很大差异,欧亚种发生重,欧美杂交种发生轻。此外,此病发病轻重与环境条件有很大关系,如篱架比棚架发病重,地下水位高、排水不良的地块发病重,氮肥过多的植株、叶面积大、蒸发量大的发病较重。

(二)防治措施

(1)注意水分管理,夏季高温季节要合理安排灌水,适当降低园区小气候的温度条件。

（2）控制负载量，及时疏果。

（3）采用防水、白色、透气性好、下部有通气孔的果袋进行果穗套袋，防止日光直接照射。

（4）合理施肥，控制氮肥使用量。

（5）对易发病品种，适当多留副梢，以遮盖果穗，提高结果部位。

（6）提高结果部位，尽量选用棚架、V形架等架式，不用篱架式。

（7）增加植被，避免地表裸露。可以在葡萄行间种草（如三叶草、鼠茅草或其他草本绿肥作物），行内进行秸秆覆盖，以降低地表裸露。

三、葡萄裂果

裂果是葡萄生产中的重要问题，每到葡萄膨大、着色时，裂果一旦发生，直接影响外观品质，并且有可能腐烂，导致经济效益严重下滑，甚至完全失去商品价值。裂果症状表现为：果皮与果肉一起纵向开裂，严重时露出种子，且裂果后易感染黑色霉菌而腐烂。葡萄裂果一般出现以下情况：

（1）果实顶部开裂，果汁很少外溢，一般不影响好果粒的生长。

（2）果蒂部裂口，裂口通常较大，果汁外溢，影响好果粒的生长。

（3）果粒表面木栓形成的部位裂果，果汁很少外流。

（4）较紧凑的果穗上，果粒相接触的部位裂果。

引起葡萄裂果的原因是多方面的，其中以生理性裂果为主，还包括药剂使用不当、水分管理不合理、栽培管理措施不当等方面。

（一）葡萄生理性裂果的发生规律

大多是由于土壤水分变化过大而引起的，尤其是葡萄生长前期遇上天气过分干旱，浆果成熟期又遇连续降雨，使土壤水分大量增加，造成裂果。也有的品种因浆果排列紧密、果粒互相挤压而引起。葡萄的果皮组织脆弱，有些葡萄品种因果皮薄而韧性差。此外，果皮强度随着果实成熟度的增加而减弱，如果缺钙，葡萄细胞壁硬度不够，易发生裂果。

葡萄不同品种是否易于裂果差别很大。早玉、香妃、维多利亚、贵妃玫瑰等品种裂果严重，美人指、奥古斯特、巨峰等次之，亚历山大、夏黑、京亚等裂果轻或不裂果。

（二）葡萄生理性裂果的防治措施

（1）严格控制氮肥使用。在生长季节氮肥施用过量，会在葡萄的果柄和果肩部出现环状裂果，钙可以增强细胞壁硬度，要避免钙元素缺乏。

（2）避免土壤水分变化过大，干旱时适时浇水，降雨时及时排水，做到旱不缺水、涝不渍水，尤其是地势低洼的田块更要注意排水。6～7月土壤干旱时要浇小水，采用设施栽培和管道微滴灌溉，使葡萄吸水均衡，防止土壤水分急剧变化；有效控制土壤水分，土壤含水量维持在60%～70%，防裂果效果最好。

（3）补钙，钙在土壤中移动能力很差，所以在幼果期和果实膨大期要不间断补钙。

（4）在果树根部地面覆盖作物秸秆，防止土壤水分急剧变化，减少土壤干湿差。

（5）对果粒紧密的品种，如无核白鸡心、康太等，要适当调节果实着生密度，合理确定负载量，使树体保持稳定。

（6）对果实进行套袋，防止果实吸水，可以减轻裂果。

（7）增加土壤有机质含量，改善土壤通透性，减轻裂果的发生。

（8）在葡萄园内和四周尽量不要种植大葱和蔬菜，防止蓟马危害葡萄，危害严重时，会使葡萄出现铁皮果，随后爆裂。

（三）药剂使用不当造成的葡萄裂果

（1）过多使用保果剂。如巨峰葡萄由于生长旺盛，落花落果较重，为了提高坐果率，种植户一般应用药剂处理来保果，但多次大量的应用，造成坐果率过高，许多发育不好的果实也难以脱落，籽粒过于紧密，失去了膨大空间，增加了后期裂果的机会。

（2）膨大剂应用不合理。膨大剂混合不均匀或蘸果不均匀，使果实纵横径膨大不一致，导致后期裂果。另外，如果膨大剂使用过早，发育不好的小果粒也难以脱落，虽然可以达到较好的果实膨大效果，但过大的果实果皮变薄，增加了后期裂果的风险。

（3）不正确使用乙烯利催熟。乙烯利浓度低了效果不明显，浓度高就会造成裂果,以及落叶和落果等副作用。

四、落花落果症

葡萄通常在花前一周,花蕾和开花后子房大量脱落,受精坐果的仅占 20% ~40%,其余的花朵均不能受精而脱落。这种现象为正常的落花落果。由于受环境条件影响,受精坐果率在 20% 以下,其余的花朵均脱落,称为落花落果症。

(一)发生原因

发生落花落果症的原因有很多,主要有以下几个方面:

(1)品种不同,如雌能花品种,花的本身结构就有缺陷,长势中庸的品种发生比较轻,而徒长的品种,相对就比较严重。

(2)外界环境条件影响,如花期干旱、阴雨连绵、大风低温等,造成受精不良而引起大量落花落果。

(3)由于管理不当,留枝过密、通风透光条件差,使花粉传播困难,造成落花落果,降低坐果率。

(4)养分供应不当,如花期氮肥用量过多,新梢徒长,养分过多地消耗在新梢生长上,使花穗营养不足,导致落花落果。

(二)防治措施

(1)对雌能花品种要进行人工授粉。对落花落果重的品种,在花前喷 0.05% ~0.1% 的硼肥,提高坐果率。

(2)对生长势强、营养生长过旺的品种,要轻剪长放,花前喷 3 000 ~5 000 mg/L 矮壮素等生长抑制剂,控制营养生长过旺,改变花期营养状况。

(3)合理的负载量,谢花后及时疏果。

(4)对某些落花落果严重的品种,如玫瑰香,可在花前 3 ~5 天摘心,抑制其营养生长。

(5)在葡萄开花前后,增施磷、钾肥,控制氮肥施用。

五、叶片焦枯

引起葡萄叶片焦枯的原因主要有以下几个方面:

（1）干旱引起。干旱引起的叶片焦枯主要发生在当年新栽苗或扦插苗的基部数片叶上。最初叶片边缘变黄干枯，以后逐渐扩大，严重时会造成全叶干枯脱落。多年生大树，很少有干枯叶现象。

（2）盐害引起。土壤中盐碱含量较高，会发生叶片变黄干枯，特别是春季干旱、土壤返碱，幼苗刚萌发时较为严重。

（3）肥害引起。施肥过多或不当，会伤害根系，使叶片发黄干枯。特别是叶片追肥时浓度过高，最易引起叶片焦枯。

（4）药害引起。用药不当或浓度过高，造成叶片组织坏死，叶面大面积焦枯。

（5）缺钾引起。葡萄缺钾，叶片边缘会出现焦枯现象。

根据焦枯产生的不同原因，采取相应的预防措施，具体如下：

（1）干旱引起的叶片焦枯。应经常保持园地土壤湿润、疏松。发现叶有轻微焦枯时应及时浇水，但次数不要过多，浇时一定要浇透水，浇后及时松土保墒。

（2）盐害引起的叶片焦枯。应抓好土壤改良，多施有机肥，增加土壤的酸性成分；灌溉水不要使用含盐分的水；采用地膜覆盖，防止土壤返碱。

（3）肥害引起的叶片焦枯。应避免施肥不当，施用的有机肥料应充分腐熟，不要使用未经发酵的生肥；栽种时，防止肥与根系直接接触；定植的幼苗不要急于追施肥料，施时应少施勤施；喷施叶面肥，浓度不要过浓。

（4）药害引起的叶片焦枯。应科学使用农药，注意使用浓度和合理混配农药；注意用药的气候条件，不要在盛夏中午或露水未干时用药。

（5）缺钾引起的叶片焦枯。应有针对性地增施钾肥，提高土壤肥力和含钾量。

第九章　葡萄采收、储藏及商品化处理

葡萄属浆果,其皮薄、汁液丰富、含糖量高,储藏运输过程极易失水,易发生腐烂、干梗、褐变和落粒,导致果柄萎蔫等。同时,易受到多种病原菌的侵染而腐烂变质,严重地影响着其食用品质、储藏期长短和货架寿命。据报道,我国每年由于包装、储藏等不当,造成占总产量30%~35%的葡萄腐烂变质。目前,随着整个葡萄产业不断走向成熟,产业链中各个环节不断加强。采后储藏能力得到很大提高,2015年鲜食葡萄储藏保鲜总量50万t左右,占总产量的7%左右。

葡萄的采收是葡萄园田间管理的最后一环,也是能否获得良好的经济效益的最关键的一步。葡萄储藏性能与储藏质量的好坏,与葡萄的品种特性、果园的管理、采后处理(预冷、分级、包装、保鲜剂的应用)及储藏环境(温度、湿度、气体成分、库房条件)等均有密切的关系。因此,葡萄采前要根据立地条件选择品种,实施有效的栽培管理措施,葡萄成熟后要适时采收、分级包装、进行商品化处理后及时销售,或者进行储藏保鲜来延长市场的供应时间,对整个葡萄种植业都显得非常重要。

第一节　葡萄采收

采收既是葡萄果实田间生产管理的最后一个重要环节,又是进行销售、加工或储藏的开始环节。因此,做好田间的采收工作是获得最大经济效益的关键。

一、葡萄成熟度的确定

葡萄采收成熟度是决定葡萄能否进行储藏的关键因素之一。采收过早,果实的风味、大小和色泽差,储藏性下降;采收过晚,葡萄已经进入衰老期,在储藏中容易腐烂和脱粒,风味也发生了变化。同时,采收早晚和产品的用途也有密切关系。如长期储藏的葡萄,采收可以稍早一点;而做葡萄汁和酿酒用的葡萄,则要求充分成熟时采收。所以,采收期的确定,应与葡萄的用途、品种、当年的气候条件及农业技术措施等综合因素密切相关。

判断葡萄果实成熟的方法有多种,主要参考依据如下。

(一)果皮的色泽

浆果充分成熟时,红、紫、蓝、黑色品种充分表现出其固有的色泽,果皮角质层增厚,并且在果粒上覆盖一层厚厚的果粉;黄、白、绿色品种,颜色变浅,并略呈透明状。

(二)果实硬度

随着果实成熟度的提高,浆果内的原果胶含量降低,而果胶或果胶酸含量增加,果肉的硬度降低。同时,果实在逐渐成熟的过程中,细胞间隙加大,使果粒变软。果实的硬度由硬度计进行测量。

(三)可溶性固形物含量或者糖酸比

为正确掌握品种的成熟度,应从浆果转色期起,每隔 5~7 天分析其可溶性固形物含量、可滴定酸含量的变化。如巨峰的可溶性固形物含量为 16%、酸度为 0.6%、糖酸比大于 25:1 时为食用成熟度的主要标志之一。

(四)种子

对于有核品种,在浆果成熟时,种子由绿变黄褐或褐色(极早熟品种除外)。

总的来说,葡萄成熟的综合标准是浆果的体积和重量停止生长,颜色达到品种特定的颜色,果皮角质层增厚,具有果粉,穗轴和穗梗半木质化至木质化,蜡质层增厚,果实出现香气,风味达到该品种固有的最佳特性。

二、采收时间与方法

(一)采收时间

采收时,应避开雨雪天气或者在雨后进行,这时采收的葡萄含水量高,浆果风味淡且不耐储藏。采摘的具体时间,应在晴天上午 10 时以前或下午 3 时以后为宜。此时间段内,气温不太高,浆果体温相对低一些,呼吸缓慢,容易保持果实的品质。为了提高浆果的品质和耐储运性,应避免在一天之中气温最高的中午前后进行采收。

(二)采收方法

葡萄采收方法有手工采收和机械采收,用于鲜食的葡萄都需要采用手工的方法,尤其是用于储藏的葡萄,必须保证采收时不能有伤害。手工采收时,要一只手托住葡萄,另一只手用剪刀齐穗梗基部剪下,如果进行长期储藏,穗梗可以适当留长一些。剪下的果穗随即放进果筐内,然后送到阴凉通风处,进行分级包装。加工用的葡萄,采收后就地装箱,尽快运到果品加工厂。

(三)采收注意事项

1.选择适宜的采收天气

采收之前应注意控水,以利于糖分的积累。采收时应避开阴雨、雾天、露水未干的清晨,待叶面上和果穗中的水分蒸发干后再进行采收,以减少在储运期间果穗腐烂。避开高温天气的中午和午后采收,此时果实的呼吸旺盛,需要预冷的时间较长。

2.尽量避免机械伤害

采收时,尽量不要损伤果粒,轻摘轻放,不要倒换容器,防止擦伤果皮和抹掉果粉。采下的果穗要及时运到果场或其他阴凉通风处,严禁在日光下暴晒和长时间存放于园内,以免影响葡萄的质量。

3.分批采收

同一个葡萄园区因地理位置或者果穗生长的方向不同,浆果的成熟度会略有差异,为了保持葡萄的成熟度一致及浆果的风味和品质,应分批分期采收。

4.果穗选择

采下的果穗,对有病虫害、破损、畸形或者小粒果,应及时剪除后装箱。

第二节 葡萄分级与包装

一、葡萄分级

葡萄分级主要根据果穗大小、松紧度和果粒大小、整齐度、成熟度、色泽、病虫害、破损粒、小粒的多少等进行分级。同时,分级前应对果穗进行修剪,去掉腐烂果、小果、破损果,继而进行包装。葡萄一般分为三级。

一级果:品种纯正,果穗典型而完整,果粒大小均匀,充分成熟,呈品种固有色泽,全穗基本上没有破损粒或脱落粒。一级果可用于储藏。

二级果:品种纯正,对果穗大小和果粒的大小要求不太严格,但要求果实成熟,基本上无破损果粒。本级的果子不宜储藏用。

三级果:为一级和二级果淘汰下来的果子。一般只在本地销售,也可作为某些用途的加工原料。

但是,不同的品种对细节要求也有所差别,如夏黑葡萄果实质量等级见表9-1。

表9-1 夏黑葡萄果实质量等级

项目名称		一等	二等	三等
感官	基本要求	果穗圆锥形或圆柱形、整齐、松紧适中,充分成熟。果面洁净,无异味,无非正常外来水分。果粒大小均匀,果形端正。果梗新鲜完整。果肉硬脆、香甜		
	色泽	单粒90%以上的果面达黑紫色至蓝黑色。每一包装箱内的葡萄颜色应一致		
	有明显瑕疵的果粒(粒/kg)	≤2	≤2	≤2

项目名称		一等	二等	三等
感官	有机械伤的果粒（粒/kg）	≤2	≤2	≤2
	有 SO_2 伤害的果粒（粒/kg）	≤2	≤2	≤2
理化指标	果穗质量(g)	400~800	<400,>800	<400,>800
	果粒大小(g)	5.0~8.0	<5.0,>8.0	<5.0,>8.0
	可溶性固形物(%)	≥18	≥17	<17
	总酸(%)	≤0.5	≤0.55	>0.55
	单宁(mg/kg)	≤1.1	≤1.3	>1.3

二、葡萄包装

葡萄含水量、含糖量高，皮薄多汁，在运输中易发生腐烂、干梗、脱粒和机械损伤。葡萄采收时气温较高，浆果的呼吸旺盛，会产生大量的呼吸热，会进一步降低葡萄的耐储运性。因此，为了避免采后运销中的损伤，需进行妥善的包装，保护果穗不受挤压而破损。

（一）包装用具

葡萄果粒皮薄汁多，容易挤压破碎，从而引起霉烂，因此近年来鲜食葡萄的包装在国内外多采用泡沫箱、纸箱或塑料箱，以每箱内装2.5~5 kg葡萄为宜。远距离运输多采用5~10 kg的硬纸板箱或者木箱。

（1）泡沫箱：优点是保温性能好，耐压耐震，可直接放入保鲜剂，较适合运输保鲜用，如网络销售时的长距离运输。缺点是葡萄预冷不彻底时，易发生箱中果温升高腐烂现象。

（2）纸箱：优点是可以折叠，在厂库中便于管理。缺点是抗压力较差，不适合长距离运输，且在冷库的储藏中码垛过高时需要设立支架。

(3)塑料箱或者木条箱:具有较强的耐压力,透气性好,但是缓冲性差,因此在运输过程中易发生机械伤,一般用于低档葡萄果品的运输和销售。

(二)包装方法

葡萄采收后,先进行分级,然后修整果穗,立即装箱。短距离运输销售,可以先将果穗修整后放入包装袋内,然后在包装箱内摆放整齐,封箱进行销售。如果需长期储藏,先将一个塑料袋放入箱内,把葡萄的果穗整齐地摆放入袋内,防止葡萄在箱内摆动和相互挤压。装够重量后,放入保鲜纸或者保鲜剂,将塑料袋盖好封箱。

第三节　影响葡萄储藏的关键因素

一、品种

品种是影响葡萄浆果储藏的重要因素之一,品种不同,耐储性差异较大。据报道,一般晚熟品种耐储性较好,中熟品种和早熟品种一般不耐储藏。欧亚种的耐储运性好于欧美杂交品种。同一品种,南方栽植的浆果耐储运性比北方差,同一品种不同结果次数,耐储运性也有较大差异,一般二、三次果比一次果耐储运。有色品种耐储运性强于白色品种,有色品种果皮较厚,果粉和蜡质层致密均匀,能阻止水分的损失和病害的侵染。糖酸比大的较糖酸比小的果实耐储运。通常深色、晚熟、皮厚、果面有蜡质、果粉多、肉质致密、硬度高、穗轴木质化程度高、果刷粗长、含糖量高的品种较耐储藏,如红地球、秋黑、秋红、瑞必尔、魏可、红意大利等,它们在适宜的储藏条件下可储藏 3~6 个月;而果粒大、抗病性强的欧美杂交种,如巨峰、黑奥林、夕阳红、先锋、京优、藤稔等耐储性中等;无核白、牛奶、木纳格等白色品种,储运过程中因果皮薄,碰伤后易褐变,果粒易脱落,耐储性较差。

二、果实成熟度

要进行储藏的品种,必须在果实充分成熟后再进行采收,使其糖分积累到最佳程度。充分成熟的葡萄含糖量高,果皮厚韧、着色好,果粉多,穗轴和果梗部分呈现木质化组织,耐储藏能力较强。过早采收和过晚采收都不利于葡萄的储藏。

三、产地地理条件

葡萄产地的气候因素对于葡萄储藏影响很大。同一品种南方栽植的浆果不如北方栽植的耐储运。因为北方葡萄在霜降前后成熟,有效积温长,果穗营养积累多,果实采收后气温又明显降低,不利于病菌繁衍入侵,有利于进行长期储藏。一般在光照不足、湿度较大、昼夜温差小的地域种植的葡萄耐储性较差。不同的年份也有差异,一般雨量较多的年份,葡萄品质和耐储性下降,储藏期腐烂增多,生理性病害加重。采前阴雨可导致葡萄储藏期裂果现象加重,果粒和果梗抗 SO_2 能力明显下降。在葡萄果实成熟期与产地雨季同期的地区,果实易发生灰霉病、腐烂病等病害,生产的葡萄不宜长期储藏。

四、栽培管理状况

葡萄储藏的好坏与果实自身的质量关系密切,而果品质量与葡萄园管理状况密切相关。合理的栽培技术有利于提高葡萄浆果着色和积累含糖量,着色好、含糖量高的葡萄较耐储藏。

(一)树体管理

栽植密度大,架式、树形、叶幕形不合理,夏季修剪不及时,造成树体通风、透光条件差,影响葡萄果实的着色和含糖量,会造成储藏性差。因此,在果实开始着色时,要剪短或剪除果穗上方的新梢和副梢,摘除果穗附近的老化叶片,在葡萄架下和行间铺设反光膜,可显著改善光照条件,对促进果实着色、提高浆果含糖量作用明显。

同时,产量直接影响果实的品质和耐储性,合理控制产量对葡萄的高品质生产尤其重要。用于储藏的葡萄最好控制在 1 500 ~ 2 000 kg/亩。产量过高,浆果果粒小,上色晚且着色差,果实成熟期推迟,含糖量低,不利于储藏。合理叶果比、科学处理花序和果穗,既可保障产量和果实品质,也可增强果实的储藏性能。一般于开花前 5 ~ 7 天,在葡萄花序上留 6～8 片叶摘心,以控制营养生长,提高坐果率。为了供给果实充足的营养,每穗葡萄需留 20 片以上叶片,若叶果比过小,果实得不到足够的营养,会导致果粒小,成熟期延迟,成熟度差且不一致,浆果着色差,含糖量低,硬度小,果梗木质化程度低。

(二)合理利用植物生长调节剂

用于储藏的葡萄浆果,果实生长发育过程中不宜使用拉长剂、膨大剂等激素类物质。采用生长调节剂诱导无核果实和用果实膨大剂促使果粒膨大的果实耐储性较差。对要进行储藏的葡萄不宜进行无核果实和促进果粒膨大的药剂处理。果实成熟前,禁止喷施乙烯利等催熟剂,否则会造成果实含糖量低、硬度小,果梗变脆、变短,储运过程中脱粒、裂果、腐烂严重,果实很难长期储藏。

(三)肥水管理

施肥种类、数量和时期,是生产优质鲜食葡萄的重要技术环节,也是提高葡萄储藏性能的一项重要技术措施。生产中,用于储藏的葡萄浆果,要注意氮、磷、钾肥的配合施用,增施钙肥,多施有机肥,尽量减少使用化肥的数量和次数。葡萄是喜钾肥的果树,钾元素能使果肉致密、色艳芳香;钙及硼元素能保护细胞膜完整、抑制呼吸作用和防止某些生理病害;但若氮肥过多或采前大量灌水,易造成新梢旺长、果粒着色差、质地软、含糖量低和抗性差。因此,果实发育后期要增施磷、钾肥,严格控制氮肥的使用。采前喷施钾肥及钙肥和微量元素有助于提高耐储性。研究表明,采前 10 天对葡萄果穗喷 1.5% 硝酸钙可以增加果实中的钙含量,增强果实的耐压力和果柄的耐拉力,提高果实硬度,保护细胞膜的完整性,提高果实的抗腐能力,防止生理病害的发生,有利于提高果实品质和增加耐储性。在果实成熟期,喷钙时期越早越易吸收,越能提高葡萄的耐储运性。

灌水次数较多的葡萄,其耐储运性不如旱地栽培的浆果,但合理灌溉可以提高葡萄的商品性能和储藏品质。要保证关键时期的灌水,具体时期有:萌芽前后到开花前、新梢旺盛生长期与幼果膨大期、浆果迅速膨大期。每次施肥后,均要进行灌水。采前 14 天内禁止灌水,如降雨要注意排水。雨量较多的年份,葡萄耐储性较差。

(四)病虫害防治

葡萄园的病虫害严重影响果实的耐储性。葡萄储藏期的病害,大部分是从田间带入储藏库的。如园区霜霉病发生严重,储藏期间易发生果粒脱落、果梗干枯。同时,采收前,若病虫害防治不及时,使葡萄带病菌(灰霉病、霜霉病等)入库,病菌在低温下仍能繁殖致病。因此,加强果园病虫害防治,尤其是后期防治工作至关重要,必须将各种病虫害消灭在田间。

五、采收质量

葡萄采收时间和方法对储藏效果均有较大的影响。葡萄属非呼吸跃变型水果,没有后熟过程,所以用于鲜食或储藏的葡萄应在充分成熟时采收。充分成熟的果实,着色好,糖度高,品质佳,耐储藏。储藏用的葡萄要采用病虫害发生少、果穗发育正常、成熟充分的。阴雨天采收,浆果的含水量增高、含糖量降低,并且果穗水分含量高,不利于长期储藏。因此,应在温度较低的早、晚和露水干后分批进行采收。采收时,果穗和果粒不能有明显的机械伤害。

六、预冷状况

葡萄预冷状况对储藏效果有直接影响,储藏前必须进行及时、快速的预冷,以尽快散发果实中保存的田间热,从而降低果实内的呼吸消耗。果穗的田间热迅速释放,能有效防止果穗穗轴干枯变褐、果粒软化脱落,延长保鲜储藏时间。一般预冷温度以 $0 \sim 1 ℃$ 最为适宜。

七、储藏环境

(一)温度对储藏的影响

在储藏过程中,温度对葡萄的储藏时间和品质至关重要。果实采后的储藏温度会影响果穗的呼吸强度及乙烯释放量。温度越高,果穗呼吸越旺盛,衰老加快。因此,适当的低温可以降低果实的呼吸强度,抑制酶的活性和微生物的生长繁殖,减少水分的蒸发,从而延缓果穗的衰老。但是如果温度过低,果粒内部结冰,果实发生冻伤,会严重影响储藏的质量。同时，葡萄穗梗的含水量较高，对低温较为敏感，因此葡萄储藏的适宜温度以穗梗不发生冻害为前提。一般来说，葡萄的适宜温度为 $-2 \sim 0\ ℃$，其中以 $-1.5 \sim 0.5\ ℃$ 为最佳。

（二）湿度对储藏的影响

储藏环境中的湿度高低也是影响葡萄储藏时间长短的关键因素之一。葡萄储藏过程中，果实和穗梗不断地进行着水分蒸发，如果储藏环境中的湿度过低，果实尤其是穗梗中水分就会蒸发到周围的空气中，引起果实萎蔫，穗梗干枯褐化，影响其商品质量。如果储藏环境中的湿度过高，易发生结露现象，易腐烂。因此，在葡萄储藏中，防止果实和穗梗的水分蒸发非常必要。采用塑料袋包装、穗梗封蜡、空气加湿均可以有效地防止果穗的水分蒸发。同时，储藏环境中最适宜的相对湿度为 $90\% \sim 95\%$。

（三）化学药剂的应用

在储藏过程中，应用防腐剂可以有效地控制葡萄病害的发生。目前，普遍使用的是二氧化硫制剂，其对真菌性病害如灰霉病等可以有效地防治。同时，葡萄果粒是非呼吸跃变型组织，乙烯的释放量较小，但是穗梗的乙烯释放量比果粒高 10 倍以上，因此在储藏中应用乙烯吸收剂或乙烯作用抑制剂来减少环境中乙烯的含量和作用对葡萄穗梗的保鲜也很有必要。

第四节　葡萄的储藏保鲜技术

葡萄属于浆果，不耐储藏。葡萄在采收后仍然进行着呼吸作用，因此降低葡萄的呼吸强度，减缓呼吸消耗，达到延缓衰老、延长葡萄保质期的目的。储藏葡萄的方法很多，应用得较多的有传统储藏法、冷藏法和气调储藏法。目前，国内外储藏葡萄普遍采用低温结合防腐保鲜剂的保鲜措施，但防腐剂残留的安全问题及其对葡萄风味的影响已经引起了消费者的极大关注。

一、传统储藏法

传统储藏法是采用通气窖或通气库进行储藏。这种储藏方法主要利用外界的低温空气作为冷源，调节储藏库中的温度。窖藏、通风库或强制通风库储藏等传统储藏法在我国北方葡萄产区仍是简便易行、经济有效的储藏方法。传统储藏法在我国辽宁西部、河北北部及山东部分地区仍在使用，但近年来随着小型或微型冷库的推广，正逐渐减少。传统储藏法成本低廉，简便易行，适宜晚熟或极晚熟品种的储藏。储期短、腐烂率较高是传统储藏法的主要缺点。传统储藏法操作要点如下。

葡萄采收后，由于窖（库）温较高，不能立即入储，需放在阴凉处待窖（库）温降至 10 ℃以下时入储。入储后应利用夜间低温或寒流影响尽快将窖（库）温降至 0 ℃以下，直至稳定在 ~2~0 ℃。葡萄入窖（库）后，立即用硫黄熏蒸，每立方米容积用硫黄 3.5 g，加少许酒精或木屑点燃后密闭 1 h。以后每隔 10 天熏蒸 1 次，当窖（库）温降至 0 ℃左右时，每隔 1 个月熏蒸 1 次，硫黄用量减半。传统储藏法储藏最好不要采用塑料薄膜袋、帐储藏方式。因为窖（库）温较高且难以控制，塑料薄膜袋或帐内湿度较大，容易产生腐烂。

随着葡萄产量的增加，有些年份葡萄成熟季节因上市集中而价格大幅下降，冷库储藏的葡萄一般又在元旦、春节前后才开始销售，有些产区果农为延缓葡萄上市期，在葡萄架下挖沟做短期储藏，设备简单，成本低，也能利用市场空缺，带来较好的效益。但是，通气窖或通气库的温度不稳定，随外界气温的变化而发生变化。应用此种方式储藏的果品质量不十分理想。

二、冷藏法

近 10 年来，冷库尤其是微型或小型冷库发展迅速，冷库法储藏逐渐成为葡萄储藏的主要方式。在低温下，葡萄的呼吸和代谢等生理活性受到抑制，物质消耗少，储藏寿命较长。因此，为了延缓葡萄果实采收后的衰老,需要采取两方面的措施,即减弱果实新陈代谢的生理活动和防止微生物的侵染引起葡萄病害的发生。目前,冷库储藏并配合防腐保鲜剂的使用可以有效地解决上述两方面的问题。

冷库储藏主要采用塑料薄膜袋或帐的储藏方式,两种储藏方式工艺稍有不同。保持低而稳定的温度是冷库储藏的技术关键,温度控制不严,上下波动幅度太大,易引起塑料薄膜袋或帐内湿度过大,甚至造成积水,容易发生腐烂和药害。葡萄适宜的库温为 ~ 1 ~ 0 ℃,上下波动不应超过 1 ℃。

冷库内的相对湿度控制在 90% ~ 95%,可以减少果实表面失水,使浆果处于新鲜状态。不同的葡萄品种,储藏时对冷库的管理方式有所差异,包括温度、湿度,冷库内空气的流速等都关系到冷藏的效果。

尽管低温、高湿度的储藏环境可以延缓葡萄的衰老,但是高湿度的密闭空间容易引起霉菌的滋生和繁殖,导致果粒的霉烂和病害的发生。为了解决这一问题,生产中通常使用防腐剂,如二氧化硫和仲丁胺,其防腐作用明显。二氧化硫气体对葡萄储藏中常发生的真菌病害,如灰霉、青霉病等均有较强的抑制作用,同时降低了葡萄果实的呼吸强度和水分的蒸腾作用,可以保持果穗的良好外观。

葡萄商业化储藏保鲜主要采用能释放 SO_2 的试剂如亚硫酸盐作为防腐保鲜剂。二氧化硫处理的具体方法有以下几种:

(1)缓慢释放法。缓慢释放法有粉剂、片剂等多种形式。按葡萄质量的 0.3% 和 0.6% 分别称取亚硫酸氢钠和无水硅胶,将二者充分混合后,分装于若干个小纸袋内,分散放置于葡萄储藏袋内,45 天换 1 次药袋。

(2)定期熏蒸法。按每立方米容积用硫黄 3 ~ 5 g,点燃后密闭 1 h,储藏前期每 10 ~ 15 天熏蒸 1 次,储藏后期每 30 天熏蒸 1 次,每次熏蒸完毕后,要打开库门通风换气或揭帐换气。这种方式适合土窖储藏或冷库内塑料薄膜大棚储藏。

(3)二氧化硫气体熏蒸法。将葡萄装箱垛好后,罩上塑料薄膜罩,充入二氧化硫气体,使其占罩内体积的 0.5%。

常用二氧化硫熏蒸、以亚硫酸盐为主要成分的缓释保鲜剂片和二氧化硫缓释保鲜纸来达到防腐保鲜目的。尽管以二氧化硫和硫化物为主要成分的化学防腐剂被广泛应用于葡萄保鲜,但过量的二氧化硫会引起漂白和落粒,对库房内的金属设施产生腐蚀,并影响人体健康,污染环境。近年来,二氧化硫对人体的危害日益受到重视。为此,有关研究人员一直开发替代型的环保绿色保鲜剂,但大多对葡萄穗轴和果梗褐变的抑制作用十分有限,导致其在葡萄实际生产中鲜有应用。

三、气调储藏法

气调储藏法主要是控制温度和气体成分,通过调节储藏环境中氧及二氧化碳等气体成分的比例,达到抑菌和抑制呼吸强度的作用,进而延长葡萄的储藏寿命和货架期的一种保鲜技术。控制气体成分比例是葡萄气调保鲜技术的关键环节,高浓度的 CO_2 容易加速葡萄褐变和果粒产生异味,而低浓度的 CO_2 虽然可以缓解褐变,但抑菌作用十分有限。葡萄浆果在最适宜的温度和湿度条件下,降低氧的含量,增加二氧化碳的浓度,以降低葡萄的呼吸速率,抑制乙烯的产生和作用效果,达到延长葡萄储藏寿命的目的。不同的品种,适宜的氧和二氧化碳的浓度有所差异。一般利用二氧化碳为 2.0% ~ 5.0%、氧气为 2.0% ~ 3.0%,并用低浓度的二氧化硫进行定期熏蒸处理是国外发达国家葡萄保鲜的常用方式。

四、葡萄保鲜纸

葡萄保鲜纸是葡萄在储藏保鲜和运输过程中最普遍采用的一种防腐保鲜方式之一。保鲜纸外形整齐美观、商品性能较好、有效成分含量高、杀菌力强,对葡萄采收后因灰霉菌、青霉菌等引起的腐烂,具有明显的防治效果。

保鲜纸是采用多种添加剂经复配后夹在两层或多层纸中而制成的

保鲜纸品。保鲜剂隐藏在纸塑复合材料和原纸的中间,在一定程度上可以降低消费者对化学添加剂影响身体健康的疑虑,因此受到了经营者和消费者的共同认可,较具发展前景。

总之,葡萄储藏保鲜技术是一种集多项技术为一体的综合性技术,其中保鲜剂的应用占有重要的地位。首先,要根据采前的葡萄品种和栽培管理水平灵活运用保鲜技术和各类保鲜剂,保证储藏保鲜葡萄产品的品质。其次,严格控制库温、预冷技术、入库工艺、包装形式等,做到各环节均达到最佳状态,以取得理想的储藏保鲜效果。

参 考 文 献

[1] 高继才.北方葡萄无公害高效栽培[M].大连:大连出版社,2007.

[2] 贺普超.葡萄学[M].北京:中国农业出版社,1999.

[3] 霍立强,张建发,王素娟.葡萄病害的发生及防治方法[J].现代农村科技,2011(1):21.

[4] 孙海生,陈绳良,陈红军,等.抗砧系列葡萄砧木介绍[J].果农之友,2013(1):8.

[5] 汤喜良.葡萄虫害综合防治技术[J].北京农业,2012(24):63.

[6] 修德仁.鲜食葡萄栽培与保鲜技术大全[M].北京:中国农业出版社,2004.

[7] 徐海英.葡萄产业配套栽培技术[M].北京:中国农业出版社,2001.

[8] 薛惠明.我国葡萄根瘤蚜发生及防控技术综述[J].浙江农业科学,2014(12):1794-1796.

[9] 翟衡,杜金华,管雪强,等.酿酒葡萄栽培及加工技术[M].北京:中国农业出版社,2001.

[10] 赵玉山.葡萄主要虫害的防治[J].四川农业科技,2012(1):42.

[11] 郑霞林,杨永鹏.葡萄十星叶甲的为害及无公害防治[J].科学种养,2009(9):28.

[12] 朱丽芳.葡萄病害综合治理技术[J].北京农业,2012(18):64.

附　图

图1　葡萄花序

图2　葡萄伤流

图3　夏黑葡萄

图4　葡萄大棚架

图5　避雨棚

图6 单干双臂树形

图7 葡萄抹芽

图 8　果园生草

图 9　葡萄日烧病